Monika Schaal

HUNDE
Erziehung
Einfach geht auch!

IMPRESSUM

Einbandgestaltung: R2 I Ravenstein, Verden

Titelfoto: Fabian Linder

Bildnachweis:
Iris Bach: Seite 12, 60, 61, 116 re., 140
Linder/Breuer: Seite 16, 17, 26, 27, 50, 68, 69, 70, 71, 72, 73, 91, 92, 103, 104, 105
Ursula Daugschiess-Thumm: Seite 23, 33, 82, 87, 158
Claudia Gabler: Seite 76, 80, 94, 132 unten
Simone Schloen: Seite 4, 8, 10, 43 unten, 65, 147
Michael Streck: Seite 3, 30 re., 35, 36, 46, 47, 48, 49, 52, 55, 86, 89, 90, 115, 120, 127 oben, 142, 148, 149, 150, 157 re., Rückseite
©Kerstin Ziebandt/PIXELIO: S. 11

Alle übrigen Fotos stammen von Sandra Benzing.

Alle Angaben in diesem Buch wurden nach bestem Wissen und Gewissen gemacht. Für einen eventuellen Missbrauch der Informationen in diesem Buch können weder die Autorin noch der Verlag oder die Vertreiber des Buches zur Verantwortung gezogen werden. Eine Haftung für Personen-, Sach- und Vermögensschäden ist ausgeschlossen.

ISBN 978-3-275-02061-4

Copyright © 2016 by Müller Rüschlikon Verlag
Postfach 103743, 70032 Stuttgart
Ein Unternehmen der Paul Pietsch Verlage GmbH & Co. KG
Lizenznehmer der Bucheli Verlags AG, Baarerstr. 43, CH-6304 Zug

1. Auflage 2016

Sie finden uns im Internet unter www.mueller-rueschlikon-verlag.de

Nachdruck, auch einzelner Teile, ist verboten. Das Urheberrecht und sämtliche weiteren Rechte sind dem Verlag vorbehalten. Übersetzung, Speicherung, Vervielfältigung und Verbreitung einschließlich Übernahme auf elektronische Datenträger wie DVD, CD-ROM usw. sowie Einspeicherung in elektronische Medien wie Internet usw. ist ohne vorherige Genehmigung des Verlages unzulässig und strafbar.

Lektorat: Claudia König
Innengestaltung: Kornelia Erlewein
Druck und Bindung: Graspo CZ, 76302 Zlin
Printed in Czech Republic

INHALT

Kann Hundeerziehung wirklich einfach sein?	**6**

Kapitel 1 | Trainingspartner Hund — 8

Die Welt aus Hundesicht — 9
Ausdrucksmöglichkeiten – so kommuniziert Ihr Hund — 11
Wie »sagen« Sie es Ihrem Hund? — 14
    Lernziel und Signal — 15
    Gefühle und Lernen — 19
    Die Belohnung — 19
    Negative Erfahrungen — 22

Kapitel 2 | Erziehung mit Wissen und (Bauch)-Gefühl — 24

Tipps zum Gelingen — 25
    Das Lernumfeld — 25
    Auflösesignal – wichtig, aber oft vernachlässigt — 25
    Nicht alles auf einmal — 27
    Blickkontakt – vieles gelingt leichter mit einem aufmerksamen Hund — 29
    Allein oder mit Unterstützung? — 31
Leine, Halsband und Geschirr — 32
Wahrnehmung, Reaktionsfähigkeit, Koordination — 36

Kapitel 3 | Mit- und Herbeikommen — 40

Nachfolgen — 41
    Beantworten Sie die Kommunikation Ihres Hundes — 41
    Übungsaufbau Nachfolgen — 42
    Manchen Vierbeiner müssen Sie etwas mehr überzeugen … — 43
Fuß-Gehen — 45
    Übungsaufbau Grundstellung — 46
    Übungsaufbau Fuß-Gehen — 48
Leinenführigkeit — 49
    Übungsaufbau Gehen an lockerer Leine — 50
    Es gibt nicht nur eine Möglichkeit — 52
Der Rückruf — 56
    Ihre Körpersprache — 56
    Übungsaufbau für das Herankommen — 57
    Trainingstipps für Alltagssituationen — 62
Leine oder Freilauf? — 64

Kapitel 4 | Ruhiges Warten — 66

Nützlich, aber nicht selbstverständlich — 67
Grundübungen — 68
    Sitz — 68
    Platz – Leg dich — 70
Warten – einfach so — 74
Lernen mit Erregung umzugehen — 77
    Übungsbeispiele — 78

Kapitel 5 | »Nein, Aus, Lass das!«   82

Grenzen setzen   83
   Eindeutig und nachvollziehbar   83
   Vorbeugen – Ignorieren – Alternativen   86
   Erlerntes Abbruchsignal   88
Anwendungsbeispiele   93
   Betteln, Interesse an Lebensmitteln   93
   Hund beißt in Arme, Kleidung oder Leine   95
Notfall-Signale   97
Hergeben von Gegenständen   102
   Tauschen   102
   »Lass fallen«   104
   Kein Streit um die Beute   106

Kapitel 6 | Der Alltag   108

Daheim   109
   Der ruhige Rückzugsort   112
   Das Begrüßungsmissverständnis   114
   Besuch   115
   Kind und Hund   117
   Alleine bleiben   119
   Pflegemaßnahmen   120
Unterwegs   121
   Vorbei am krachmachenden LKW-Straßenverkehr   123
   Auto, Bus und Bahn   124
   Die kleine Pause zwischendurch   126
Immer und überall mit dabei? – eine individuelle Entscheidung   128
Maulkorb-Training   129

Kapitel 7 | Begegnungen – Menschen und Hunde gehören zum Alltag   130

Zusammentreffen mit anderen Menschen   131
   Kein Grund zur Aufregung – neutrales Vorbeigehen   131
   Kontaktaufnahme erlaubt?   133
Begegnung mit Artgenossen   136
   Artgenossen im Fokus   138
   Auf der Freilauf-Hundewiese   139

Kapitel 8 | Die passende Beschäftigung   144

Viel hilft viel?   145
Von ruhig bis actionreich   149
   Spielen mit dem Hund   150
   Tricks und kleine Aufgaben   151
   Apportieren   154
   Suchen   156
   Es muss nicht immer etwas los sein   157

Kann Hundeerziehung ...

Der Anlass für diese Überlegungen war ein sehr persönlicher, ein junger Hund zog bei uns ein. Ich freute mich darauf, seine Entwicklung zu begleiten und war guten Willens, seine Erziehung ruhig und gut ablaufen zu lassen. Ausbilderhunde fallen nämlich auch nicht wohlerzogen vom Himmel. Also vertiefte ich mich in neuere Hundeliteratur, war in Foren unterwegs und informierte mich über Ausbildungsmethoden und Beschäftigungsideen, die mir bisher noch nicht so vertraut waren. Einfach? – eher nicht! Schon nach kurzer Zeit war ich mit der Menge an Empfehlungen, was zu tun bzw. zu lassen sei, leicht überfordert.

Der Kleine kam ins ausbildungsfähige Alter: »Wohin gehst Du mit ihm zum Training? Machst Du wieder Rettungshundearbeit? Warst Du schon auf dem Apportierseminar von …?«

Oh je – in erster Linie möchte ich doch »nur« einen Begleiter im Alltag, das gemeinsame Arbeiten und Zusammenleben soll Freude machen und nicht in Stress und Leistungsdruck ausarten.

Weiter ging es, als der junge Hund erkennen ließ, dass er zwar gerne arbeitet und schnell lernt, aber gleichzeitig auch aufgeregt, übereifrig und impulsiv reagiert: »Clickerst Du, verwendest Du hemmende Körpersprache? Arbeitest Du mit ihm an seiner Frustrationstoleranz? Er braucht sicher mehr Beschäftigung, geh doch mal zum ...« Die Hinweise waren einleuchtend, die Anleitungen fachlich absolut korrekt. Nur irgendwie zu viel auf einmal – zumindest für uns. Das wurde schnell deutlich, als ich unter Erfolgsdruck geriet und der junge Hund immer mehr seine innere Ruhe vermissen ließ.

Seither beschränke ich unser Programm auf das, was mir wichtig und für unseren Alltag nötig ist, und auf die Vorgehensweisen, die dem Hund wirklich weiterhelfen können. Und ich lasse ihm die Zeit, um diese wenigen Punkte gut zu lernen. Inzwischen können wir einiges mehr in Angriff nehmen und mein Hund muss ja auch nicht »perfekt« werden.

Andere Hundehalter berichten von ähnlichen Überlegungen. Sie möchten ihren Hund gut erziehen und ihm gerecht werden, stehen aber bald

... wirklich einfach sein?

vor einem Berg von oftmals recht widersprüchlichen Informationen. Was ist wichtig, was eher nebensächlich, was passt für den eigenen Hund? Ist es erforderlich, sich mit all den unterschiedlichen Methoden und unbekannten Begriffen vertraut zu machen, benötigt man dies, um mit dem Hund zurechtzukommen? Muss und kann alles trainiert oder gar therapiert werden? Ist das eigene Bauchgefühl ein guter Ratgeber oder schadet dies dem Hund?

Das »Einfach« im Buchtitel bedeutet sicher nicht, dass die Erziehung des Vierbeiners fast von alleine gelingt. Das wäre völlig unrealistisch. Es ist auch keine Aufforderung, gleichgültig oder gar nachlässig zu handeln. Sie haben eine Verantwortung Ihrem Hund und den Mitmenschen gegenüber.

> **»Einfach« steht für:**
> Nicht alles auf einmal! Welches Wissen, welche Ausbildungsschritte brauchen Sie wirklich, damit Ihr Hund gut erzogen wird und Sie gemeinsam die vielen Anforderungen des Alltags meistern können?

In welchen Situationen ist es erforderlich, dass der Hund Ihren Anweisungen zuverlässig nachkommt, und wann könnten Sie und Ihr Hund mit einer Zwischenlösung ganz gut zurechtkommen?

Befürchten Sie auch nicht sogleich ein kaum wieder gut zu machendes Defizit oder gar eine Lern- und Verhaltensstörung Ihres Hundes, wenn dieser ein unerwünschtes Verhalten zeigt oder die Ausbildung nicht auf Anhieb das gewünschte Ergebnis bringt. Jeder Hund hat seine Stärken und Schwächen, entscheidend ist der überlegte und individuell erforderliche Umgang damit.

Ich wünsche Ihnen Spaß an der Arbeit mit Ihrem Vierbeiner, viele schöne und entspannte Momente miteinander und vor allem: haben Sie Geduld mit sich und dem Hund.
Wenn Sie dann im Laufe der Zeit feststellen, dass Sie und Ihr Hund noch Luft, Energie und Potential für mehr haben – gerne ... Hunde und alles, was damit zusammenhängt, sind ein unendlich spannendes Thema, das sehr bereichernd sein kann.

Kapitel 1

Trainingspartner Hund

Die Welt aus Hundesicht

Je mehr Sie über denjenigen wissen, dem Sie etwas beibringen möchten, umso individueller können Sie auf ihn eingehen und ihm beim Lernen helfen.
Wir können nachlesen, wie viele Riechzellen ein Hund besitzt, in welchem Frequenzbereich er hört oder wie groß sein Gesichtsfeld ist. Trotzdem ist es ungeheuer schwer, sich vorzustellen, wie er sein Umfeld wirklich wahrnimmt. Ein kleiner Anhaltspunkt: Setzen Sie sich so auf den Boden neben Ihren Hund, dass Sie in etwa auf seiner Augenhöhe sind. Natürlich können Sie trotzdem noch nicht sehen, riechen, hören wie ein Hund, aber schon die veränderte Perspektive ermöglicht eine andere Wahrnehmung. Vom vorbeifahrenden Radfahrer haben Sie die heftig strampelnden Beine im Blickfeld, die Grashalme befinden sich nun dicht vor Ihrem Gesicht und erschweren den Blick in die Ferne und ein herannahender Passant wirkt auf einmal riesig.

Es liegt jedoch nicht nur an der Wahrnehmung, sondern an der unterschiedlichen Wertigkeit, die dieser beigemessen wird, dass für Hund und Mensch ganz andere Dinge von Bedeutung sind. Sie schauen verträumt in den Sonnenuntergang und bewundern die Färbung des Himmels, Ihr Hund riecht die Hasenspur und hört das Bellen eines Artgenossen in der Ferne.

SEHEN

Früher nahm man an, dass Hunde nur Graustufen erkennen. Tatsächlich können sie Farben sehen, das Farbspektrum unterscheidet sich jedoch von dem unseren. Blau- und Gelbtöne werden wahrgenommen, rot und grün und deren Mischfarben jedoch nur als Graustufen. Daher wird der Hund das rote Sprunghindernis auf der grünen Wiese wahrscheinlich nicht gut erkennen oder den grünen Apportiergegenstand nur schwer mit den Augen, dafür aber besser mit der Nase finden.
Hunde sehen weniger scharf als der Mensch und nehmen eher die Konturen wahr. Das erklärt, warum beispielsweise Menschen, deren Umriss von der gewohnten Norm abweicht oder die sich ungewöhnlich bewegen, zunächst als bedrohlich eingestuft werden können. Viele Hunde müssen erst durch Erfahrung mit diesen Formen vertraut werden, um sie gelassen hinzunehmen. Dafür sehen Hunde in der Dämmerung deutlich besser als wir, eine Eigenschaft, die z.B. für das Jagen von Bedeutung ist.

Vielleicht haben Sie festgestellt, dass Ihr Hund auf Bewegungen reagiert, die seitlich oder hinter ihm stattfinden. Das liegt daran, dass sein Gesichtsfeld deutlich weiter ist als unseres. Außerdem kann er Bewegungen besonders gut wahrnehmen. Diese Fähigkeit spielt bei der Verständigung eine große Rolle und kann bei der Erziehung des Vierbeiners ganz nützlich sein. Wenn Sie ihn dringend heranrufen möchten, wird er Ihr schnelles Wegrennen in die entgegengesetzte Richtung vielleicht stärker wahrnehmen als Ihr akustisches Signal. Ruhende Objekte oder sich kaum bewegende Lebewesen werden schlechter bis gar nicht erkannt.

HÖREN

Durch die getrennte Beweglichkeit der Ohrmuscheln kann der Hund eine Geräuschquelle sehr genau bestimmen. Hunde können Töne differenziert und aus weiter Entfernung hören. Der Frequenzbereich, in welchem ein Hund hört, ist deutlich größer als beim Menschen, vor allem bei den hohen Tönen.
Hohe Töne werden als angenehm empfunden, sie können daher als Ansporn, Anfeuerung bei einer

Eine Schnüffelrunde in unbekanntem Gebiet oder ein paar Minuten Nasenarbeit ist anstrengender als ein deutlich längerer Spaziergang – aber meist auch sehr befriedigend für den Hund.

Aufgabe (z. B. Herankommen) oder beim Loben eingesetzt werden. Tiefe und vor allem laute Töne wirken hingegen eher bedrohlich oder verunsichern ihn.

RIECHEN

Durch die hohe Anzahl an Riechzellen ist der Hund in der Lage, bestimmte Geruchsmoleküle bereits in sehr geringer Konzentration wahrzunehmen und selbst eine mehrere Tage alte Spur zu verfolgen. Hunde können sogar »stereo« riechen, d. h. zwischen links und rechts unterscheiden. Dadurch entsteht eine Art Geruchsbild, welches dem Hund ermöglicht, die Richtung zu bestimmen, aus der ein bestimmter Geruch kommt. Das »Jakobsonsche Organ«, ein zusätzliches Sinnesorgan mit Verbindung zur Mundhöhle, ermöglicht dem Hund, Sexuallockstoffe besonders gut wahrzunehmen.

Gerüche sind eine wichtige Informationsquelle für Ihren Hund. Erlauben Sie ihm das Zeitunglesen auf seine Weise, natürlich nicht gerade dann, wenn Sie ihm ein Kommando gegeben haben!

Der Geschmackssinn von Hunden ist nur relativ schwach ausgeprägt. Bei Fressbarem wird der Hund überwiegend von seinem Geruchssinn geleitet, der Geschmack ist nachrangig. Hunde können vier Geschmacksrichtungen wahrnehmen: süß, salzig, bitter und sauer. Hunde mögen in der Regel den bitteren und sauren Geschmack nicht. Daher wird oft versucht, mit verschiedenen Bittermitteln (Sprays o. Ä.) den Hund davon abzuhalten, bestimmte Stellen wie Wundverbände zu belecken oder abzukauen. Die Geschmacksrezeptoren für bitter sitzen jedoch recht weit hinten auf der Zunge, daher bemerkt der Hund den bitteren Geschmack kaum, wenn er nur kurz leckt oder etwas schnell hinunterschluckt. Erst wenn er länger daran leckt oder kaut, wird der bittere Geschmack erkannt.

FÜHLEN

Der Tastsinn ist zusammen mit dem Geruchssinn einer der ersten, den der Welpe nutzt, um sich zurechtzufinden. Über Rezeptoren in der Haut nehmen Hunde Kälte und Wärme, Druck und Schmerz wahr. Tasthaare, die über den ganzen Körper verteilt sind, dienen als Tastrezeptoren. Besonders stark ausgeprägt sind sie im Kopfbereich (die speziellen Haare helfen wie Fühler bei der Orientierung) und an den Pfoten (die feinen Sensoren erspüren beim Auftreten auch kleinste Erschütterungen, um so zu erkennen, wie sicher und stabil eine Oberfläche ist).

Ausdrucksmöglichkeiten – so kommuniziert Ihr Hund

Hunde verfügen über verschiedene Möglichkeiten, ihre Emotionen und Absichten mitzuteilen. Sie können sich hervorragend durch kleinste Signale und Signalkombinationen mit ihren Artgenossen verständigen. Diese Signale zeigen sie natürlich auch gegenüber ihrem Sozialpartner Mensch. Es ist ungeheuer spannend, mehr über den eigenen Hund zu erfahren. Beobachten Sie ihn, wenn er entspannt auf seiner Decke liegt, bei der gemeinsamen Schmuserunde, wenn er auf dem Spaziergang neben Ihnen hergeht oder über die Wiese rennt: Wie ist die Stellung der Ohren, die Rutenhaltung, sein Gang, die Körperhaltung oder Körperspannung? Was verändert sich in seinem Ausdrucksverhalten, wenn er etwas Interessantes wahrnimmt, zu einer bestimmten Stelle möchte, zögert, bemerkt, dass Sie ein Leckerchen in der Tasche haben usw.?

OPTISCHE SIGNALE

Am häufigsten ist die Kommunikation über Körpersprache, die wichtigsten Ausdrucksregionen sind: Rute, Kopfbereich und Rückenhaare. Bei manchen Hunden haben sich allerdings im Laufe der Zeit Körperform und Fellbeschaffenheit so erheblich verändert, dass die Signale mancher Körperregionen nicht mehr gut erkennbar sind oder bestimmte Gesten vom Hund aus »technischen« Gründen nicht mehr gezeigt werden können. Einem mit dichtem Langhaar ausgestatteten Hund ist es kaum mehr möglich, seine Nackenhaare erkennbar aufzurichten und ein langes, schweres Hängeohr lässt sich höchstens an der Ohrwurzel noch ein wenig hin und her bewegen. Um zu erkennen, was der Hund mitteilen möchte, reicht es nicht aus, nur einzelne Ausdrucksregionen anzuschauen. Erst die Summe der Einzelausdrücke ergibt einen Gesamteindruck.

Signale, die ein Hund bei großer Angst zeigt, werden fast immer erkannt: Rute zwischen die Beine geklemmt, Gliedmaßen etwas eingeknickt, Rücken abgerundet. Die weniger deutlichen Zeichen einer leichten Angst oder momentanen Unsicherheit sind wesentlich schwerer wahrzunehmen, zumal sie oft nur ganz kurz gezeigt werden. Beispiel: Die Ohren werden nur für einen kurzen Moment nach hinten bewegt, dadurch strafft sich die Gesichtshaut, die Stirn wird glatt und die Augen erscheinen etwas größer.

Beschwichtigende Gesten zeigen Hunde, wenn sie sich in einer für sie unklaren oder unsicheren Situation befinden. Beim Konflikt mit dem Sozialpartner (Hund oder Mensch) sind die Gesten meist direkt an das Gegenüber gerichtet und ein Signal dafür, dass der Hund den Konflikt abschwächen möchte. Bei einem innerlichen Konflikt oder einer schwierigen Umweltsituation wird das Verhalten auch ungerichtet gezeigt. Der Hund beschwichtigt sich sozusagen selbst.

Beschwichtigende Gesten sind:

- Über-die-Schnauze-Lecken, Blinzeln, Gähnen, Kopfabwenden, Pföteln
- »Übersprungshandlungen«, wie sich kratzen, am Boden schnüffeln, teilweise Spielaufforderungen
- Eine extreme Form der Beschwichtigung ist das seitliche Hinlegen des Hundes, meist mit leicht angewinkelten Gliedmaßen und Präsentieren des Bauchs

Bei Drohsignalen erwarten viele Menschen sehr spektakuläre Gesten. Für das Drohen aus Angst mag das durchaus zutreffen: aufgerissenes Maul, Zähneblecken bis zu den Backenzähnen, Nasenrücken gerunzelt, Ohren an den Kopf gelegt, Stirn glatt, die Augen erscheinen dadurch größer, Haare über dem gesamten Rückenbereich gesträubt, Rute gesenkt, oftmals unter den Körper geklemmt. Der ganze Hund scheint, irgendwie nach hinten gezogen zu sein. Drohen bei selbstbewusstem Gemütszustand schaut deutlich unscheinbarer aus, zumindest zu Beginn des Drohens: Der Körper ist angespannt und das Gegenüber wird mit direktem Blickkontakt fixiert. Weitere Zeichen, die dann meist auch gut wahrgenommen werden können, sind: gerunzelter Nasenrücken, angedeutete Stirnfurche, Ohrwurzeln nach vorne gerichtet, Haaresträuben im Nackenbereich, langsame, steife Bewegungen. Egal, aus welcher Intension heraus ein Hund droht: Er möchte damit eine Distanzvergrößerung zum Gegenüber erreichen. Eine Drohung ist immer ernst zu nehmen!

Die kleine Hündin ist verunsichert durch die Annäherung des Artgenossen und zeigt dies, indem sie sich hinlegt.

Erste Anzeichen für selbstsicheres Drohen sind oft unspektakulär und schwer zu erkennen: Der Hund hört beispielsweise plötzlich auf zu hecheln – er muss den Fang schließen, damit er den Lippenspalt verkürzen kann.

LAUTÄUSSERUNGEN

Hunde setzen Lautäußerungen wie Bellen, Jaulen, Fiepen, Knurren in unterschiedlichster Intensität ein: Wenn sie erregt sind, bei Unbehagen, beim Spielen, um Aufmerksamkeit zu bekommen oder zur Distanzvergrößerung. Eine eindeutige Zuordnung zu einer bestimmten Stimmung des Hundes ist daher nicht so einfach. Eine kleine Hilfe kann die Tonhöhe sein. Bei zunehmender Aggression wird die Tonlage tiefer, bei zunehmender Angst oder Kontaktbereitschaft dagegen höher.

Wie häufig oder intensiv Lautäußerungen vom Hund zur Kommunikation verwendet werden, ist unterschiedlich. Die Genetik spielt eine Rolle, aber auch erlerntes Verhalten. Ein Hund lernt sehr rasch, wie er seinen Besitzer mit Bellen dazu bekommt, den unter die Kommode gerollten Ball hervorzuholen. Oder dass er nur leicht, aber ausdauernd fiepen und winseln muss, damit ihn der Besitzer beachtet.

BERÜHRUNGSSIGNALE

sind ein wichtiger Bestandteil der hundlichen Kommunikation. Sie dienen unter anderem dazu, soziale und emotionale Bindungen mit anderen Lebewesen aufzubauen und zu bestätigen. Dazu gehören u.a. Schnauzenkontakt, gegenseitiges Belecken der Lefze, Anstupsen mit der Pfote, gegenseitige Körperpflege und Kontaktliegen.

Durch geeignete Berührungen wie ruhiges Streicheln oder Touches können Hunde erkennbar beruhigt werden und Wohlbehagen empfinden. Allerdings gibt es durchaus individuelle Unterschiede. Beim Sozialspiel werden eine ganze Reihe verschiedenster Berührungen eingesetzt, von Anstupsen über Anspringen bis hin zum intensiven Schnauzenkontakt beim »Maulringen«. Sie geben dem Sozialpartner wichtige Hinweise auf die jeweilige Stimmungslage.

Beim Imponieren und natürlich auch bei Auseinandersetzungen spielen Berührungssignale ebenfalls eine wichtige Rolle. Beim Imponieren legt der Hund beispielsweise Pfote oder Kopf auf den Rücken des anderen. Bei Auseinandersetzungen wird das Drohverhalten durch Anrempeln, Anspringen, Umwerfen oder auch durch Beißen verstärkt.

IHR HUND KANN SICH NUR WIE EIN HUND VERHALTEN

Die meisten Hunde können sich gut an unsere Lebensbedingungen anpassen und vieles von dem erlernen, was für ein entspanntes und konfliktfreies Zusammenleben nötig ist. Dennoch verhalten sie sich häufig so, wie es ihre Biologie und Persönlichkeit vorgibt. Hunde nehmen die Umwelt und die Handlungen Anderer auf ihre Art und Weise wahr und reagieren mit den ihnen zur Verfügung stehenden Ausdrucksmitteln darauf. Wie der einzelne Hund jedoch auf bestimmte Situationen reagiert, kann unterschiedlich sein.

Ein Beispiel: Der Hund fühlt sich unbehaglich oder gar bedroht – grundsätzlich können verschiedene Reaktionen gezeigt werden:

- *Beschwichtigende Gesten, um eine Auseinandersetzung abzuwenden.*
- *Spielaufforderungen, um die Situation zu entschärfen und sein Gegenüber freundlich zu stimmen.*
- *Abwenden, Ausweichen, Weggehen, um eine Distanzvergrößerung zu erreichen.*
- *Aggressives Verhalten zur Distanzvergrößerung oder wenn eine Flucht, ein Weggehen, nicht möglich ist.*
- *Erstarren (»Einfrieren«) ist eine weitere Möglichkeit, auf eine bedrohliche Situation zu reagieren.*

Es ist durchaus möglich, dass der gleiche Hund in unterschiedlichen Bedrängungs- bzw. Bedrohungssituationen verschieden reagiert. Vielleicht hat er bereits gelernt, dass in Situation X Ausweichen und beschwichtigende Gesten vorteilhaft sind, in Situation Y hat er jedoch die Erfahrung gemacht, dass ihm Bellen und Drohgesten etwas Abstand verschaffen. Auch sein momentaner körperlicher Zustand oder die räumlichen Gegebenheiten spielen eine Rolle.

Manche Reaktionen sind aus Hundesicht völlig normal (er bellt, wenn nachts Geräusche im Treppenhaus zu hören sind), sie werden jedoch, je nach Lebenssituationen, im Alltag zum unerwünschten Verhalten. Verhaltensweisen können durch ein entsprechendes Training gefördert, verändert oder in gewünschte Bahnen gelenkt werden, aber nicht alles lässt sich um- und aberziehen. Auch erwünschte Eigenschaften zeigen sich nicht immer genau in dem Maße wie erhofft. Und – vermutlich werden Sie ab und an von Aktionen Ihres Hundes überrascht, die Sie so nie von ihm erwartet hätten.

1 | TRAININGSPARTNER HUND

Wie »sagen« Sie es Ihrem Hund?

Eine der ersten und wichtigsten Fragen von Hundehaltern, die ins Training kommen, lautet: »Wie erreiche ich, dass mein Hund das tut (oder unterlässt), was ich ihm sage?«

Sie brauchen:

- Ein Lernziel, d.h. Sie müssen wissen, was genau Sie von Ihrem Hund wollen.

- Ein Signal, das dem Hund mitteilt, was er wann tun soll.

- Eine Belohnung (Verstärker), die den Hund darin bestärkt, die gezeigte Handlung in Zukunft öfters zu wiederholen. Bzw. eine Rückmeldung, welche dem Hund signalisiert, dass sich dieses Verhalten nicht lohnt.

- Gutes Timing, um all diese Faktoren so miteinander zu verknüpfen, dass der Hund den Zusammenhang herstellen kann.

Lernziel und Signal

Je genauer Sie das erwartete Verhalten Ihres Hundes definieren, umso leichter ist es für alle Beteiligten. Beispiel: Herankommen auf Ruf – eine mögliche Definition.

Der Hund soll so schnell wie möglich und auf direktem Wege dicht zu Ihnen herankommen und bei Ihnen verharren.

Handlungsbeginn: *Wenn das vereinbare Signal ertönt.*
Handlungsende: *Der Hund darf sich erst wieder entfernen, wenn Sie ihm dies durch ein weiteres Signal anzeigen.*

Neben den Grundübungen ergeben sich aus dem Alltagsgeschehen noch weitere Lernziele. Besonders bei Aufgaben, in denen der Hund etwas unterlassen soll, ist eine exakte Definition wichtig. Die Vorstellung, »der Hund soll nicht die Besucher anspringen«, reicht bei Weitem nicht aus. Was soll er stattdessen tun? Sich ein bisschen freuen, in der Diele absitzen, gar nicht in Erscheinung treten …?

Von einem Signal spricht man, wenn ein bestimmter Reiz immer wieder dasselbe Verhalten auslöst. Ein Reiz kann alles sein, was mit den Sinnesorganen wahrnehmbar ist. Man unterscheidet zwischen sichtbaren (optischen), hörbaren (akustischen), riechbaren (olfaktorischen) und durch Berührung spürbaren (taktilen) Reizen. Beim Hundetraining werden überwiegend akustische und optische Signale verwendet.

AKUSTISCHE SIGNALE:

Worte und Pfeif-Signale kann der Hund auch auf einige Entfernung, oder wenn er sich außerhalb unseres Sichtbereichs befindet, gut wahrnehmen.

Gesprochene Signale sollten möglichst kurz und unverwechselbar sein und keinesfalls in ganze Sätze eingebettet werden. Gut geeignet sind Worte, die normalerweise im Sprachgebrauch nicht so häufig vorkommen. Wortsignale können allerdings, je nach Situation, recht emotional klingen.

Eine Hundepfeife klingt bei korrektem Gebrauch in der Regel immer gleich, hebt sich gut von anderen Umweltgeräuschen ab. Ein Nachteil ist, dass sie immer mitgeführt werden muss. Probieren Sie das Pfeifsignal am besten einige Male (ohne Hund), damit es tatsächlich immer gleich klingt. Klingt es immer verschieden, ist es so, als ob Sie jedes Mal ein anderes Wort benutzen würden.

OPTISCHE SIGNALE:

Körpersprache ist die Muttersprache des Hundes, und es fällt ihm leicht, auf Handzeichen, Bewegungen oder Körperhaltung des Menschen zu achten. Optische Signale sind allerdings auf Entfernung nicht mehr gut wahrnehmbar und nur sinnvoll, wenn der Hund Sie direkt im Blick hat.

Sie können bewusst eingesetzt werden:

- *im Umgang mit einem tauben Hund oder dem alternden Vierbeiner mit nachlassendem Hörvermögen.*
- *zur Unterstützung eines akustischen Signals, weil Hunde zunächst auf Gestik und Körpersprache besser reagieren, als auf ein gesprochenes Wort. Soll der Hund später die Aufgabe ausschließlich auf das akustische Signal hin ausführen, müssen die zusätzlichen optischen Signale im Verlauf des Trainings gezielt abgebaut werden.*

Viele Hundehalter verwenden neben einem verbalen oder Pfeifsignal ganz automatisch eine Vielzahl von Körperbewegungen: Handbewegungen, ans Bein klopfen, in die Hocke gehen, mit der Futtertüte rascheln, Hand in die Jackentasche stecken, um das Spielzeug herauszuholen usw. Diese Zeichen können für den Hund mit zum Signal für die bestimmte Handlung werden, und Sie müssen damit rechnen, dass der Hund evtl. nicht mehr zuverlässig reagiert, wenn eines dieser Zeichen plötzlich mal fehlt.

1 | TRAININGSPARTNER HUND

Signalliste

- Notieren Sie Ihr Lernziel, d.h. welche Handlung Sie exakt vom Hund erwarten und welches Signal Sie dafür verwenden möchten.

- Das ist besonders wichtig, wenn mehrere Personen am Training beteiligt sind. Für einen sich in der Ausbildung befindenden Vierbeiner ist es sehr verwirrend, wenn er für ein und dieselbe Handlung unterschiedlichste Signale erhält oder jeder Übende ein etwas anderes Verhalten von ihm erwartet oder toleriert. Selbst der bereits erzogene Hund wird die gewünschte Leistung nur unzuverlässig ausführen, wenn Signal und Ausführung ständig wechseln.

① Nach vorne gebeugte Haltung und unklare Handzeichen verunsichern diesen Hund. Er weiß nicht, was von ihm erwartet wird.

Es bedarf einiger Übung und evtl. auch der Beobachtung von außen, bis man Körperhaltung und Gesten so einsetzen kann, dass sie für den Hund beim Erlernen einer Aufgabe hilfreich sind. Beispiel: Der Hund soll lernen, sich hinzusetzen.

② Die Halterin hilft dem kleinen, sensiblen Hund, indem sie in die Hocke geht ...

③ Sie animiert ihn durch das Leckerchen in ihrer Hand zum Hinsitzen und belohnt ihn sofort dafür.

④ Selbst Kleinigkeiten können ausschlaggebend sein: Die Halterin geht zwar in die Hocke, hält jedoch die Hand mit dem Leckerchen zu hoch.

⑤ Hochspringen ist vorprogrammiert.

TIMING: HANDLUNG UND DAS DAZUGEHÖRIGE SIGNAL ZUSAMMENBRINGEN

Hunde lernen, indem sie verschiedene Dinge, die zeitgleich bzw. unmittelbar aufeinander folgend geschehen, miteinander in Verbindung bringen. Eine erfolgreiche Signalverknüpfung ist daher an eine zeitliche Vorgabe gebunden. Der optische oder akustische Reiz, welcher zum Signal werden soll, muss mit Beginn der erwünschten Handlung vom Hund wahrgenommen werden: Sie geben das Signal für SITZ in dem Moment, in dem der Hund dabei ist, sich hinzusetzen. Nach mehr oder weniger vielen Wiederholungen wird der Reiz zum Signal, welches ein bestimmtes Verhalten – das Hinsetzen – auslöst. Wie das exakt im Einzelnen ausschaut, wird bei den Übungsanleitungen in den nächsten Kapiteln ausführlich beschrieben. Bei einem zu spät gegebenen Signal kann der Hund nicht erkennen, dass dies zu einer Handlung gehört, die er Sekunden/Minuten zuvor ausgeführt hat, weil er inzwischen evtl. bereits wieder mit etwas anderem beschäftigt ist. Geben Sie das Signal zu früh, lernt der Hund im ungünstigsten Fall genau das Gegenteil, obwohl Sie es ihm doch ständig sagen. Beispiel: Eine Hundehalterin wollte ihrem Hund beibringen, seinen Spielball herzugeben. Leider verwendete sie das Signal AUS immer in dem Moment, in dem der Hund den Ball fest im Maul hielt und sie an der Ballschnur zerrte, um in Besitz des Spielzeugs zu gelangen. Nach nur wenigen Wiederholungen hatte der Hund gelernt: Ball im Fang, Besitzerin zieht und ruft AUS in allen Tonlagen = festhalten! Besser wäre es gewesen, den Hund zu veranlassen, den Fang zu öffnen, den Ball fallen zu lassen (evtl. im Tausch gegen ein Leckerli) und im Moment des Ausgebens das Aus-Signal zu verwenden. (Siehe Kapitel 5 – Hergeben)

TEST

Wie viele Wiederholungen nötig sind, bis der Hund einen Zusammenhang hergestellt hat, ist sehr individuell. Oft sind wir Hundehalter viel zu ungeduldig. So können Sie überprüfen, ob Ihr verbales Signal bereits das gewünschte Verhalten auslöst:

- *Sprechen Sie Ihren Hund mit dem Signal zu einem Zeitpunkt an, in dem er gerade nicht damit rechnet. Reagiert er daraufhin sofort wie erwünscht, ist dies ein gutes Zeichen dafür, dass eine erfolgreiche Verknüpfung stattgefunden hat. Wiederholen Sie dies zu einem späteren Zeitpunkt noch einmal, um sicher zu gehen, dass es kein Zufall war.*

- *Verändern Sie Ihre Körperhaltung. Vermutlich haben Sie bisher das Signal dann gegeben, wenn Sie Blickkontakt zum Hund hatten und in seiner unmittelbaren Nähe waren. Geben Sie nun das Signal, während Sie z. B. mit dem Rücken zum Hund stehen, sitzen, liegen usw. Wenn es jetzt immer noch funktioniert, können Sie recht sicher sein, dass das verwendete Signal zum Auslöser geworden ist und nicht Ihr drängender Blick oder andere begleitende Gesten.*

Gefühle und Lernen

Ob sich eine Handlung lohnt oder nicht, stellt der Hund anhand der Gefühle fest, die er während oder unmittelbar nach dieser Handlung empfindet. Positive Empfindungen und eine Steigerung des Wohlbefindens lassen eine Handlung als lohnend erscheinen. Der Hund wird sie mit großer Wahrscheinlichkeit in Zukunft öfters zeigen. Angst, Schmerz oder auch Frustration, weil er das Gewünschte nicht erreichen kann, vermitteln dem Hund eher Unbehagen. Die Handlung erweist sich als nicht lohnend und wird daher nicht mehr so häufig oder gar nicht mehr ausgeführt.

Allerdings spielt auch die Stärke der Gefühle eine entscheidende Rolle dafür, wie intensiv die Handlung im Gedächtnis bleibt. Hat sie dem Hund ein ganz besonderes Erfolgserlebnis beschert, merkt er sich die Technik oft gleich beim ersten Mal. Hält sich der Lohn jedoch in Grenzen, muss die Handlung mehrmals wiederholt werden, damit sie im Gedächtnis bleibt. Waren gar extreme Empfindungen wie Schmerzen oder Angst die Folge (z.B. bei einer Beißerei, einem Unfall o.Ä.), so reicht unter Umständen dieses eine Mal aus, um die Aktion für immer abzuspeichern. Der Hund meidet evtl. für lange Zeit Artgenossen, die dem Gegner ähneln, oder zeigt große Unsicherheiten in einer dem Unfall ähnlichen Situation.

Die Belohnung

Es gibt einen guten Grund dafür, bei der Hundeerziehung mit Belohnungen zu arbeiten:

Dinge, die man gerne tut, macht man schneller, besser und zuverlässiger als solche, zu denen man gezwungen wird. Das gilt für Hunde genauso wie für Menschen.

Vermutlich machen für den Hund einige der Übungen, die Sie ihm beibringen möchten, keinen Sinn. Aus welchem Grund sollte er auch minutenlang auf einer bestimmten Stelle liegen bleiben, wo es doch im Umfeld so viel Interessantes gibt?

Vielleicht ist ihm eine Aufgabe sogar ein wenig unangenehm, einige Hunde kämen zum Beispiel niemals von alleine auf die Idee, sich ins nasse Gras zu setzen, eine steile Treppe zu begehen oder in einen Aufzug zu steigen. Damit der Hund es trotzdem gerne tut und sich dabei wohlfühlt, müssen Sie ihm Hilfestellung geben. Erhält der Hund zeitgleich mit oder kurz nach einer bestimmten Handlung eine Belohnung, empfindet er die Handlung selbst als lohnend, obwohl sie ihm ursprünglich nichts bedeutet hat oder unangenehm war.

Was für den einzelnen Hund eine gute Belohnung darstellt, ist unterschiedlich. Die meisten Hundehalter denken hierbei sofort an Futter oder Streicheln. Aber auch die Aufmerksamkeit des Besitzers, ein Spiel, von der Leine gelassen werden oder der Kontakt zu Artgenossen kann beim Hund ein positives Gefühl auslösen. Auch Sie selbst müssen mit der Belohnungsform klarkommen. Wenn es Ihnen nicht liegt, ständig mit hoher Stimme in Jubelrufe auszubrechen, ist es besser, eine andere Belohnung zu finden, denn Sie werden Ihrem Hund nicht überzeugend vermitteln können, dass Sie sich gerade über ihn freuen.

Futter: »Leckerlis« eignen sich für viele Hunde und für fast alle Übungen. Gute Belohnungshappen sind kleine, nicht bröselnde Leckerlis oder Wurst- bzw. Käsestückchen, die man gut dosieren kann. Falls Sie Sorge haben, dass Ihr Hund dadurch an Gewicht zulegt, verwenden Sie einfach einen Teil der täglichen Futterration. Am besten geht dies mit Trockenfutter, das Sie je nach Vorliebe des Hundes mit Wurst oder Käse aufpeppen können.

Spielzeug kann für Hunde, die gerne Wurf- oder Zerrspiele machen, eine größere Belohnung darstellen als Futter. Sie brauchen allerdings ein halbwegs handliches Spielzeug, um es auch auf Spaziergängen problemlos mitnehmen zu können.

Er trägt gerne sein Belohnungsspielzeug.

Überlegen Sie bereits im Vorfeld, in welcher Form der Hund mit dem Spielzeug belohnt werden kann: Darf er es tragen oder soll es geworfen werden? Für die zweite Variante benötigt man Platz und die Möglichkeit, den Hund frei oder an langer Leine laufen zu lassen.

Spielzeugbelohnungen sind nicht geeignet, wenn der Hund ein extremes, objektbezogenes Beutefangverhalten zeigt oder in Erwartung des Spielzeugs sehr aufgeregt und hektisch reagiert.

Achtung beim Üben in der Gruppe: Es kann evtl. zu Auseinandersetzungen mit anderen Hunden kommen, wenn sich diese ebenfalls für das Spielzeug interessieren.

Die richtige Dosierung

Eine Belohnung soll dem Hund ein angenehmes Gefühl vermitteln – sonst lohnt es sich nicht für ihn, das Verhalten erneut zu zeigen. Es darf ihn jedoch nicht so sehr aufregen, dass er nicht mehr lernen kann. Besonders wichtig ist dies, wenn ein ruhiger Übungsverlauf erreicht werden soll (entspanntes Liegen, ruhiges Gehen an der Leine o. Ä.) oder bei einem Vierbeiner, der zu aufgeregtem Verhalten neigt. Ist die Belohnung zu spannend oder wichtig für den Hund, freut er sich unter Umständen so sehr und versucht nur noch die Belohnung zu erlangen, dass es mit der Ruhe schnell vorbei ist.

Stimme: Häufig versuchen Besitzer ihre Hunde durch viele Worte zu belohnen. Je nach Begabung des Hundehalters und Begeisterungsfähigkeit des Hundes funktioniert dies mehr oder weniger gut. Es sind in der Regel nicht die Worte selbst, die dem Hund eine positive Stimmung vermitteln, sondern eher der Klang und die Tonhöhe, verbunden mit einer entspannten Körpersprache.

BESONDERHEIT: LOBWORT

Das allgemeine Loben mit Stimme und Körpersprache darf nicht verwechselt werden mit dem Lobwort PRIMA, SUPER o.Ä., das ganz bewusst verwendet wird.

Das Wort als solches hat zunächst keinerlei Bedeutung für den Hund. Damit er die positive Bedeutung erlernen kann, muss in einem ersten Lernschritt eine Verknüpfung zwischen dem zunächst neutralen Reiz und einer angenehmen Empfindung hergestellt werden: Sofort nach Ertönen des Lobworts erhält der Hund ein Leckerchen. Auf diese Weise wird das Wort nach mehreren Wiederholungen zum Versprechen für eine Belohnung und löst selbst ein angenehmes Gefühl beim Hund aus.

Dieses Prinzip ist auch der große Vorteil des Lobworts. Sie müssen später nicht jedes Mal ein Leckerchen reichen, den Hund streicheln o.Ä., sondern haben damit eine Möglichkeit, ihren Hund zu loben, auch wenn er sich in einiger Entfernung zu Ihnen befindet oder mit einer Aktion beschäftigt ist, in der andere Belohnungsformen eher stören würden.

Beim Üben setzen Sie das Lobwort zunächst zusammen mit einem Leckerchen ein, der Hund lernt, Lobwort und Leckerchen bedeuten, dass er seine Aufgabe gut macht. Nach und nach können Sie das Leckerchen immer mehr reduzieren, bis Sie nur noch das Lobwort sagen. Wichtig ist, dass Sie es zwischendurch immer mal wieder mit einer Futterbelohnung verstärken, sonst wird die Konditionierung gelöscht.

Das Clickertraining basiert auf dem gleichen Prinzip. Um den Clicker wirklich gut und wirkungsvoll einzusetzen, sollten Sie sich mit der entsprechenden Fachliteratur vertraut machen und sich die praktische Anwendung zeigen lassen.

Körperkontakt wie Streicheln, Kraulen usw. ist für einige Hunde ebenfalls als Lob geeignet. Probieren Sie aus, was Ihrem Hund angenehm ist und vor allem in welcher Dosierung. Manch ein Hund weicht beim wohlgemeinten Tätscheln seines Menschen erschrocken zur Seite aus, andere Hunde irritiert das Angefasstwerden und bringt sie aus der Konzentration. Ein leichtes Kraulen am Ohr, ein vorsichtiges Streicheln seitlich im Kopfbereich, an der Kehle oder dem Hals finden viele Hunde sehr angenehm. Annäherungen von vorne-oben wirken auf die meisten Hunde bedrohlich, ebenso wie das Auf-den-Rücken-Klopfen oder gar Umarmen.

TIMING

Eine Belohnung vermittelt dem Hund ein angenehmes Gefühl. Dieses Gefühl muss sich während oder unmittelbar nach der Handlung einstellen, nur dann kann der Hund einen Zusammenhang herstellen. Soll der Hund für ruhiges Liegenbleiben belohnt werden, muss er das Leckerchen bekommen, solange er noch liegt. Bekommt er es erst, wenn er unruhig wird oder gar aufsteht, wird er in seinen Augen für diese Aktionen belohnt, aber keinesfalls für das Liegen.

Damit der Hund sofort belohnt werden kann, sobald er das erwünschte Verhalten zeigt, muss die Belohnung griffbereit sein! Wenn Sie erst in der Tasche kramen müssen, hat sich der Hund schon längst wieder anderen Dingen zugewandt, bevor die Belohnung zur Hand ist.

BELOHNEN ODER BESTECHEN?

Beim Erlernen von Übungen wird zum Einstieg häufig mit einer Bestechung gearbeitet. Das bedeutet: Sie halten dem Hund z.B. ein Leckerchen vor die Nase und veranlassen ihn mit Hilfe des Futters, eine bestimmte Handlung auszuführen. Das Leckerchen im Sinne einer Belohnung bekommt er dann, wenn er die erwünschte Handlung oder den ersten Schritt dazu ausgeführt hat. Sobald ein Hund das erwünschte Verhalten immer häufiger zeigt, wird das Bestechungsleckerli zunehmend weggelassen. Sie können als Zwischenstufe evtl. nur noch eine entsprechende Bewegung mit der leeren Hand machen. Ein Leckerchen als Belohnung bekommt er jedoch zunächst immer.

MUSS DER HUND STÄNDIG BELOHNT WERDEN?

Nicht in der Häufigkeit wie beim Erlernen einer Aufgabe, aber doch ab und zu. Sobald das erwünschte Verhalten gefestigt ist, reduzieren Sie in kleinen Schritten die Belohnungen. Lassen Sie in unregelmäßigen Abständen immer mal wieder ein Leckerchen weg, so dass der Hund nie weiß, ob er dieses Mal eine Belohnung erhält. Reduzieren Sie die Leckerligaben nicht gleich zu drastisch oder lassen die Belohnung ganz weg, weil Sie der Meinung sind, Ihr Hund weiß inzwischen, was Sie von ihm wollen. Eine gewisse Motivation, ein Anreiz, sich wie gewünscht zu verhalten, muss erhalten bleiben, auch später beim ausgebildeten Hund.

In einem nächsten Schritt können Sie dazu übergehen, differenziert zu belohnen. Das bedeutet, der Hund bekommt für eine normale Leistung (kommt in ablenkungsarmem Umfeld auf Ruf zurück) eine normale Belohnung. Lässt er sich jedoch unter erschwerten Bedingungen (von seinem geliebten Komposthaufen oder bei Sichtung einer Katze) abrufen, hat er eine besonders tolle Belohnung verdient. Bei Aufgaben, die dem Hund schwerfallen oder Ihnen besonders wichtig sind, kann man auf diese Weise oftmals eine zuverlässige, schnelle, ja sogar begeisterte Ausführung erreichen.

Negative Erfahrungen

Hundeerziehung ohne beim Hund negative Empfindungen auszulösen, ist kaum möglich. Sie werden Grenzen setzen müssen, Ihr Hund wird sich vermutlich nicht ständig wie gewünscht verhalten. Könnte sich der Hund so frei ausleben, wie er es von sich aus wollte, würde

Nehmen Sie erwünschtes Verhalten wahr?

Beim Training vermutlich ja, im Alltag passiert es jedoch immer wieder, dass erwünschtes Verhalten als selbstverständlich hingenommen und kaum beachtet wird. Der Hund ist ohne Leinenspannung und mit Blick zu Ihnen am Radfahrer vorbeigegangen, er hat während Ihres Gesprächs mit der Nachbarin vorbildlich ruhig neben Ihnen gewartet und Sie haben es nicht einmal bemerkt. Wenn sich das Verhalten nicht mehr lohnt, wird es zunehmend eingestellt.

Gehen Sie achtsam mit den Leistungen Ihres Hundes um. Es ist angenehmer und entspannter für alle, wenn Sie eine Rückmeldung für gutes Verhalten geben können, als wenn Sie den Vierbeiner überwiegend nur dann beachten, wenn er unerwünschtes Verhalten zeigt.

das nicht nur ihn, sondern auch andere in Bedrängnis bringen. So gesehen ist bereits ein Zurückhalten des Hundes an der Leine, wenn er gerne an der toten Maus schnuppern möchte, ein Grenzensetzen. Wenn Sie dem Hund ein Leckerchen oder Ihre Aufmerksamkeit vorenthalten, kann das für den einen oder anderen Hund bereits echten Frust bedeuten und somit negative Gefühle auslösen.

Es stellt sich also eher die Frage, wie Sie »Grenzen setzen«. Es muss dem jeweiligen Hund und der Situation anpasst sein, damit der Vierbeiner verstehen kann, worauf Sie hinaus möchten (siehe auch Kapitel 5). Willkürliches Strafen oder Strafreize, die den Hund verunsichern, ihm Schmerzen zufügen, sind abzulehnen. Durch Einsatz von Strafen können Sie ein unerwünschtes Verhalten Ihres Hundes evtl. unterdrücken, er lernt hierdurch jedoch nicht, sich richtig zu verhalten.

Ehe Sie allerdings an Strafen denken: Haben Sie Ihrem Hund bisher wirklich erkennbar genug gezeigt, was Sie stattdessen von ihm möchten, ihm ausreichend Möglichkeit dazu gegeben, das Gewünschte zu erlernen, und waren Sie konsequent dabei? Wenn Sie ein unerwünschtes Verhalten Ihres Hundes verändern möchten, müssen Sie dieses Verhalten konsequent immer und zwar bereits im Ansatz unterbrechen. Reagieren Sie unregelmäßig, d.h. erst nach einer ganzen Weile oder nehmen es manchmal gar nicht wahr, ist dies für den Hund eher eine Aufforderung, sein Glück aufs Neue zu versuchen.

Kapitel 2

Erziehung mit Wissen und (Bauch)-Gefühl

Tipps zum Gelingen

Es ist sicher wichtig, dass der Hund lernt, bestimmte Dinge zu tun bzw. zu unterlassen, aber – Hunde brauchen nicht nur Trainingsanleitungen. Mit einem Hunde zusammenzuleben bedeutet, den Alltag zu teilen, vertraut zu werden, zu erkennen, wie sich der andere fühlt, wie er reagieren wird, was ihm angenehm/unangenehm ist und ob bzw. welche Hilfe er benötigt.

Das Lernumfeld

Hunde lernen situationsbezogen, sie verknüpfen das von Ihnen bewusst gegebene Signal mit der erwünschten Handlung.

Gleichzeitig können andere Wahrnehmungen ebenfalls mit zum Signal werden, der Ort, an dem Sie üben, bestimmte Gerüche oder Geräusche, anwesende Personen, ja sogar die Kleidung oder Ausrüstung des Hundebesitzers kann ein Signal darstellen. Auf Grund dessen stellt sich zurecht die Frage, ob es nicht am günstigen ist, gleich in dem Umfeld zu trainieren, in dem der Hund später eine Aufgabe zuverlässig zeigen soll. Bei einigen Vierbeinern mag dies gelingen, für die meisten ist jedoch eine möglichst ablenkungsarme Umgebung sinnvoller. Denn zunächst einmal muss der Hund lernen, welcher der Reize das eigentliche Signal ist. In einer belebten Alltagssituation wird es recht schwer, das entscheidende Signal aus vielen unterschiedlichen Reizen herauszufiltern.

Erst in weiteren Übungsschritten lernt der Hund, dass das Signal auch unter veränderten Gegebenheiten gilt. Sobald der Hund das gewünschte Verhalten bei wenig Ablenkung zeigt, verändern Sie zunehmend die Einflussfaktoren, bis Sie bei Ihren Umfeld-Bedingungen angekommen sind.

Umfeld-Bedingungen

- Vertrautes Umfeld mit ersten Ablenkungen
- Üben an unterschiedlichen Orten, zunächst ohne Ablenkung, dann mit
- Unterschiedliche Tageszeiten und Witterungsbedingungen
- Üben Sie zunächst alleine, dann in Anwesenheit anderer Menschen, Artgenossen, Tiere usw.

Die Auswahl der passenden Übungsumgebung und Ablenkung ist immer eine Gratwanderung. Sind Sie zu vorsichtig und üben nur in vertrautem und reizarmem Umfeld, erhält der Hund keine Gelegenheit, sich an Neues zu gewöhnen.
Suchen Sie hingegen ständig die Herausforderung, um auszuprobieren, ob der Hund sich vielleicht bereits in schwierigem Umfeld wie gewünscht verhält, gehen Sie das Risiko ein, dass die Aufgabe nicht gelingt oder der Hund Ihre Anweisung überhaupt nicht wahrnimmt, weil die Ablenkung zu hoch ist.

Auflösesignal – wichtig, aber oft vernachlässigt

Sagen Sie Ihrem Hund nicht nur, dass er etwas tun soll, sondern teilen Sie ihm auch mit, wann die Aufgabe beendet ist. Die Tatsache, dass eine Aufgabe solange gilt, bis Sie ihm durch ein entsprechendes Signal das Ende anzeigen, muss der Hund genauso erlernen, wie die Aufgabe selbst. Sind Sie hierbei nachlässig, dürfen Sie sich nicht wundern, wenn der Hund nach eigenem Ermessen entscheidet. Er wird sich beispielsweise zwar auf Ihre Anweisung hinlegen, aber aufstehen, wenn er gerade Lust darauf verspürt. Oder auf Signal hin an lockerer Leine mitgehen, aber die Aufgabe beenden, weil er am Wegesrand schnuppern möchte.

Wenn der Hund ausreichend lange die erwünschte Handlung ausgeführt hat, animieren Sie ihn mit einer entsprechenden Handbewegung dazu, sich zu bewegen. Evtl. führen Sie dazu ein Leckerchen oder Spielzeug zunächst vor die Hundenase und dann weg vom Hund …

Ein Auflösesignal vermittelt dem Hund, dass eine Aufgabe jetzt beendet ist und sich auch keine weitere anschließt: Er hat Freizeit. Das Beenden muss bewusst von Ihnen ausgehen. Schieben Sie keinesfalls Ihr Signal hinterher, wenn der Hund von sich aus die Handlung beenden möchte.

Mögliche Signale: Die meisten Hundehalter verwenden eine Kombination aus optischem (eine bestimmte Handbewegung) und akustischem Signal: LAUF, FERTIG, FREI

In dem Moment, in dem der Hund mit der Bewegung beginnt, sagen Sie das Auflösesignal. Ist der Hund aufgestanden und hat sich 1–2 Schritte bewegt, loben Sie ihn.

Nicht alles auf einmal

Sie brauchen nicht jede Woche eine neue Aufgabe, ein neues Beschäftigungsangebot in Angriff zu nehmen. Selbst wenn Sie Ihrem Vierbeiner viele Dinge beibringen möchten, halten Sie Maß – in der Regel haben Sie Zeit, Ihr Hund muss nicht in einem halben Jahr erzogen sein. Es führt meist zu einem besseren Ergebnis, wenn Sie sich zunächst auf das beschränken, was Sie am dringendsten benötigen und was tatsächlich machbar ist. Dies gibt Ihnen die Möglichkeit, mit dem Zeitaufwand und der Ernsthaftigkeit daran zu arbeiten, die für ein Gelingen erforderlich ist.

Welche und wie viele Aufgaben Sie parallel erarbeiten können, müssen Sie selbst entscheiden. Manche Trainingsinhalte lassen sich gut miteinander verbinden, z.B. Herankommen, Nachfolgen und Aufmerksamkeit auf den Besitzer. Auch Aufgaben, die vom Inhalt nichts gemeinsam haben, können nebeneinander geübt werden. Draußen: gehen an lockerer Leine. In der Wohnung: »Gib Pfote« oder ähnliche Kunststückchen.

Wenn Sie gleichzeitig Übungen trainieren, die sehr gegensätzliche Fertigkeiten erfordern, wird es für manche Hunde echt schwer. Beispiel: Sie legen einen Schwerpunkt auf aufmerksames Verhalten Ihnen gegenüber und schnelles Herbeikommen, möchten aber parallel dazu ruhiges Verweilen in der Platzposition einüben, während Sie außer Sicht gehen.

ZWISCHENLÖSUNGEN SIND ERLAUBT

Manchmal braucht es einige Zeit, bis ein Training greift und das gewünschte Verhalten gefestigt ist. In einigen Alltagssituationen ist es kaum möglich, dem Hund die volle Aufmerksamkeit zu widmen und so zu reagieren, wie es für seine Ausbildung notwendig wäre. Vielleicht gibt es Veränderungen im Leben, die Auswirkungen auf den Hund haben bzw. es im Moment nicht erlauben, in gewünschtem Maße mit ihm zu trainieren.

Mit einer Zwischenlösung und geschicktem Vorgehen überbrücken Sie solche Situationen und verhindern, dass Ihr Hund Fehler macht, unerwünschtes Verhalten zeigt und sich dadurch evtl. Trainingsrückschritte ergeben können.

Überlegen Sie, was unbedingt geübt werden sollte und welche Punkte derzeit zurückgestellt bzw. weggelassen werden könnten. Für diese muss dann natürlich eine Lösung gefunden werden, mit der Hund und Mensch gut zurechtkommen, ohne dass nachlässig gehandelt wird. Führen Sie Ihren Vierbeiner z. B. an der Schleppleine, wenn der Rückruf noch nicht zuverlässig gelingt. Gehen Sie in größerem Bogen an anderen vorbei oder wählen Spazierwege mit genügend Ausweichmöglichkeiten, wenn Ihr Hund unsicher auf Begegnungen reagiert und sich eben nicht jeder Entgegenkommende als Trainingspartner eignet.

Einige Hunde bieten von sich aus eine Art Zwischenlösung an, die Sie nur bemerken und – sofern geeignet – übernehmen müssen. Beispiel: Der Hund fühlt sich unsicher, wenn Sie Besuch haben und zeigt deutlich, dass er sich zurückziehen möchte. Natürlich werden Sie mit geeigneten Besuchern daran arbeiten, um dem Hund mehr Vertrauen in Fremde zu geben. In anderen Situationen können Sie die vom Hund gewählte Zwischenlösung, den Rückzug auf einen sicheren und vertrauten Liegeplatz, aufgreifen.

SPARSAMER UMGANG MIT KOMMANDOS UND REGELN

Korrekterweise müssten Sie konsequent darauf achten, dass eine gegebene Anweisung stets befolgt wird und auf eine bestimmte Handlung Ihres Hundes immer dieselbe Reaktion Ihrerseits erfolgt. Während der Trainingsstunden mag dies gelingen, man weiß, was geübt werden soll, ist eingestimmt auf eine Zusammenarbeit mit dem Hund und teilweise sogar auf evtl. auftretende Fehler des Vierbeiners vorbereitet. Im Alltag hingegen ist man mit den Gedanken oft ganz woanders, wird von einer Situation überrascht, reagiert nicht mehr zeitnah und der Hund bekommt dadurch nicht die Anleitung und Rückmeldung auf sein Verhalten, die angemessen gewesen wäre. Schon wieder hat der Vierbeiner bei Tisch gebettelt, obwohl dies doch eigentlich unerwünscht ist, und schon wieder hat er das so beiläufig dahingesagte »Nein, lass das« missachtet und weiterhin am Mülleimer geschnuppert.

Wann ist es wichtig?

Wahrscheinlich soll Ihr Hund keineswegs nur nach Ge- und Verboten leben, und Sie möchten vermutlich nicht mit Argusaugen auf alle Aktionen des Hundes achten, alles überwachen, erlauben oder verbieten. Das wäre ein Vollzeit-Job und weit entfernt von einem entspannten Miteinander. Wählen Sie deshalb aus, in welchen Situationen Ihnen Regeln wichtig sind und wann Sie ein Signal geben. Wenn Sie abgelenkt sind, macht ein Kommando an den Hund wenig Sinn, Sie werden vermutlich nicht konsequent darauf achten, wie es ausgeführt wird. Wenn Sie keine Möglichkeit haben, Ihren auf der Wiese spielenden Hund mit einem Spurt einzufangen, sollten Sie ihn auch nicht heranrufen, solange er das Signal noch nicht zuverlässig ausführt. Er lernt sonst nur, dass Ihr Signal keinerlei Bedeutung hat.

Wenn Sie sich jedoch dafür entschieden haben, dass in dem einen oder anderen Bereich gewisse Regeln eingehalten werden, bleiben Sie dabei, auch wenn die Durchführung einigen Aufwand und viel Konzentration bedeutet.

Dazu ein Beispiel aus unserem Alltag

Wir sitzen mit Besuch am Kaffeetisch. Unser junger Hund möchte ebenfalls mit dabei sein, meist ist es mir egal, wo sich meine Hunde hinlegen. Weil der pubertierende Vierbeiner derzeit recht aufdringlich Gästen gegenüber ist, schicke ich ihn in dieser Besuchersituation auf seine Decke. Hört sich einfach an, er hat auch bereits gelernt, dort zu verweilen, in seiner momentanen Lebensphase jedoch versucht er, meine Anweisungen zu umgehen, wenn sich ihm eine Chance bietet, weil ich z. B. abgelenkt bin: Zunächst legt er sich brav hin …, steht kurz auf, nur um sich anders hinzulegen, nochmaliges Aufstehen … Er legt sich wieder hin, allerdings nicht mehr exakt auf die Decke, sondern ein kleines Stückchen weiter Richtung Esstisch. Nach einer Pause steht er wieder auf, bewegt sich ein wenig weiter Richtung Tisch – nicht sehr aktiv und ohne jemanden dabei zu belästigen – aber gerade so zügig und zielstrebig wie erforderlich, damit er seine anvisierte Stelle unter dem Tisch erreicht.

Wenn ich hier konsequent sein möchte, erfordert dies Achtsamkeit und Durchhaltevermögen. Ich muss be-

merken, wann der Vierbeiner damit beginnt, meine Anweisung zu missachten und ihn jedes Mal ruhig und bestimmt wieder zurück auf seinen Platz bringen. Das mag auf manche Gäste kleinlich oder streng wirken, das nehme ich jedoch gerne in Kauf. Wichtig ist mir die Auswirkung auf den jungen Hund. Wenn dieser immer wieder aufs Neue ausprobieren darf, ob und in welcher Form er meine Anweisungen umgehen kann, macht ihn das eher unruhig und angespannt. Deshalb hat Konsequenz für mich auch etwas mit Fairness zu tun. Mein Hund soll sich auf mich und meine Reaktionen verlassen können, ich muss berechenbar für ihn sein.

Kann ich mich in einer Besuchssituation nicht auf das Verhalten meines Hundes konzentrieren, gebe ich ihm keine Anweisung! Dann muss ich mich allerdings darauf einstellen, dass er auch mal unerwünschtes Verhalten zeigt. Ist dies – aus welchen Gründen auch immer – nicht tolerierbar, benötige ich eine Zwischenlösung bis der Vierbeiner gelernt hat, auch unter Ablenkung auf seinem Liegeplatz zu bleiben oder die Gäste nicht mehr zu belästigen. Ich habe in diesem Fall kein Problem damit, ihn für einige Zeit an seinem Liegeplatz anzuleinen oder auf seine zweite Decke im Arbeitszimmer zu bringen, er kennt diese Plätze und fühlt sich wohl dort.

BLEIBEN SIE COOL, LASSEN SIE SICH NICHT VERLEITEN ...

Wenn etwas nicht auf Anhieb funktioniert neigen wir dazu, den Hund mit einer ganzen Reihe von Signalen zu überhäufen oder unsere Anweisung ständig zu wiederholen. Nur – wenn Ihr Hund es noch nicht kann oder das Umfeld zu viel Ablenkung bereithält, nützen auch vermehrte Signale nichts. Außerdem, auch Hunde brauchen manchmal etwas Zeit: zum Wahrnehmen, Nachdenken und Reagieren. Schaffen Sie gute Lernbedingungen, damit es dem Hund möglich ist, der Anweisung nachzukommen. Dann geben Sie Ihr Kommando ein Mal und warten ab. Bei den Übungsanleitungen finden Sie jeweils einige Hinweise, wie Sie dabei vorgehen können.

Achtung: Wenn Sie zum »Nachbessern« neigen, lernt Ihr Hund meist sehr schnell, dass er ein Kommando evtl. erst beim 10. Mal befolgen muss oder wenn zusätzlich noch viele andere Bemühungen Ihrerseits erfolgt sind.

Blickkontakt – vieles gelingt leichter mit einem aufmerksamen Hund

In schwierigen oder ablenkenden Situationen kann es hilfreich sein, wenn der Hund auf ein Signal hin Blickkontakt mit Ihnen aufnimmt, bzw. aufmerksam auf Sie achtet.

Lernziel: Hier werden Sie individuell, je nach Hund, definieren müssen. Manchen Hunden fällt es sehr schwer, dem Besitzer direkt in die Augen zu schauen. In diesem Fall reicht es, wenn der Hund seinen Blick und damit seine Aufmerksamkeit auf Sie richtet.

Möchten Sie, dass der Hund Ihnen ins Gesicht oder in die Augen schaut, ist es besonders wichtig, auf eine entspannte, möglichst nicht bedrohliche Körpersprache zu achten. Blicken Sie dem Hund keinesfalls frontal und starr in die Augen. Blinzeln Sie notfalls ein wenig oder schauen Sie mit etwas zur Seite gedrehtem Kopf am Hund vorbei.

Mögliches Signal: SCHAU

Übungsaufbau 1:
Immer wenn der Hund von sich aus Blickkontakt zu Ihnen aufnimmt, seine Aufmerksamkeit auf Sie richtet, weil Sie beispielsweise ins Zimmer kommen, wird er sofort belohnt. Bietet der Hund daraufhin immer öfter von sich aus Blickkontakt an, verwenden Sie jetzt im Moment der Blickaufnahme zusätzlich das Signal SCHAU. Der Hund bekommt unmittelbar darauf eine Belohnung.

Übungsaufbau 2:
Bietet Ihr Hund von sich aus wenig Blickkontakt an, können Sie etwas nachhelfen und z.B. ein Leckerchen in die Hand nehmen. Vermutlich wird der Hund nun versuchen, dieses zu bekommen und Sie anstupsen. Halten Sie die Hand ruhig, geben Sie keine weiteren Anweisungen, warten Sie einfach ab.

Die meisten Hunde richten nach mehreren vergeblichen Versuchen ihren Blick fragend auf den Besitzer. In dem Moment, in dem der Hund Blick-

Gelingt das Aufnehmen von Blickkontakt im ruhigen Umfeld daheim, verlagern Sie das Training nach draußen, zunächst bei wenig Ablenkung und später, wenn etwas Interessantes ins Blickfeld gerät.

Üben Sie das SCHAU auch in der Bewegung, wenn der Hund neben Ihnen geht.

kontakt aufnimmt, erhält er sofort die Belohnung. Nach einigen Wiederholungen haben die meisten Hunde gelernt, dass Blickkontakt-Aufnehmen eine Möglichkeit ist, an das Futter zu gelangen. Jetzt können Sie im Moment der Blickaufnahme zusätzlich das Signal SCHAU geben.

Der Hund lernt mehr und mehr, seine Aufmerksamkeit immer länger auf Sie zu richten. Dazu wird die Zeitspanne zwischen Blickkontakt-Aufnehmen und Belohnung-Geben langsam gesteigert. Eine Belohnung gibt es aber nur dann, wenn der Hund den Blickkontakt auch tatsächlich hält. Schaut der Hund bereits wieder weg, waren Sie zu langsam oder haben die Konzentrationsfähigkeit Ihres Hundes überschätzt.

Allein oder mit Unterstützung?

Ob Sie die Erziehung alleine in Angriff nehmen, ein Einzel-Training buchen oder ein Gruppentraining in Verein oder Hundeschule besuchen, kann nur individuell entschieden werden. Ein Muss ist das angeleitete Training sicher nicht, und ein Gruppentraining ist nicht jedermanns Sache und nicht für jeden Hund geeignet. Ein professionell geleitetes Training kann allerdings für viele Teams eine gute Unterstützung sein. Besonders Anfänger in der Hundehaltung profitieren von einem kompetenten Ansprechpartner, können sich beim gemeinsamen Training mit anderen Hundebesitzern austauschen und in einem geschützten, kontrollierbaren Umfeld mit ihrem Hund zusammen lernen und Erfahrungen sammeln. Wenn Sie unsicher sind, welches Vorgehen bzw. welche Beschäftigung für den Vierbeiner geeignet ist, kann die Einschätzung eines guten Ausbilders ebenfalls sinnvoll sein.

Schauen Sie ab und an andere Ausbildungswege, Beschäftigungsmöglichkeiten oder die Arbeitsweise verschiedener Hundetrainer an und überlegen Sie, ob dies ein Weg für Sie und Ihren Hund sein könnte.

AUSDAUER UND GUTE NERVEN

Auch wenn man die Erziehung des jungen Hundes überlegt angeht, sich anstrengt und guten Willens ist, bedeutet dies nicht automatisch, dass alles gelingen und reibungslos ablaufen muss. Hundeerziehung ist nicht immer nur die reine Freude, sondern bedeutet mitunter einigen Aufwand. Wie viel, lässt sich nie verbindlich vorhersagen, die Erziehung des Vierbeiners verläuft nur selten exakt nach Plan. Geben Sie nicht auf, wenn Ihr Hund etwas nicht sofort begreift. Manchmal braucht es eben seine Zeit und viele Wiederholungen.

Lassen Sie sich nicht irritieren oder verunsichern, es wird immer jemanden geben, der es besser weiß und mit Ratschlägen aufwartet – im Positiven wie im Negativen.

Benötigt Ihr Hund ein umfangreicheres Training oder ein genau auf seine Bedürfnisse zugeschnittenes Vorgehen, lässt sich das meist nicht im Alleingang und schon gar nicht ausschließlich aus Büchern lernen.

Bei Hunden, die besonders ängstlich, aufgeregt und hektisch oder aggressiv reagieren, muss beim Üben und im Alltag auf viele kleine Details geachtet werden. Hierbei ist in der Regel professionelle Unterstützung nötig, bzw. es braucht zumindest ab und an den geschulten Blick eines Ausbilders, der die Situation beurteilen und Hilfestellung geben kann.

Natürlich ist es manchmal nötig, das Training umzustellen oder eine andere Vorgehensweise zu wählen, hierfür sind Anregungen von außen durchaus sinnvoll. Ein erfahrener Hundehalter oder Ausbilder nimmt viele Dinge anders wahr, als der schon ewig übende Besitzer. Er bemerkt meist kleine, aber wichtige Details und kann dadurch wertvolle Hinweise geben.

Verlassen Sie sich im Umgang mit den unterschiedlichen Ratschlägen auch ein Stück weit auf Ihr Bauchgefühl und Ihren gesunden Menschenverstand. Sehen Sie die Hinweise als eine Möglichkeit, die Sie jedoch auf Ihre Bedürfnisse abwandeln oder mit anderen Maßnahmen kombinieren müssen. Wenn Sie sich für ein Konzept entschieden haben, bleiben Sie erst mal dabei. Für einen Hund ist es schwer, wenn in kurzer Zeit verschiedene Methoden ausprobiert werden und, ehe er verstanden hat, was derzeit erwünscht ist, schon wieder die Vorgehensweise gewechselt wird.

Erfolge stellen sich in der Regel nicht über Nacht ein. Meist sind es kleine Veränderungen, die man leicht übersehen kann, und manchmal hat man den Eindruck, dass so gar nichts vorwärts geht. Hier hilft ein Zwischenfazit: Achten Sie nicht nur auf die Punkte, bei denen es noch Defizite gibt, sondern listen Sie auf, was der Hund bereits gelernt hat und welche Bereiche er vorbildlich meistert. Auch Teilerfolge sind Erfolge, über die man sich freuen darf! Und dann … Irgendwann stellt man »plötzlich« fest, dass sich doch etwas getan haben muss und sich die Bemühungen auszahlen.

Leine, Halsband und Geschirr

Es gibt ein fast unüberschaubares Angebot an Trainingszubehör. Vieles hat seine Berechtigung und kann sinnvoll eingesetzt werden, anderes ist eher unnötig. Welches Zubehör, welche Hilfsmittel Sie verwenden, bleibt Ihnen überlassen. Wichtig ist, dass es den Hund nicht irritiert, beeinträchtigt oder gar schädigt und Sie selbst gut damit zurechtkommen. Wenn Sie erst geraume Zeit brauchen, um die Futterbelohnung aus einem schönen, aber etwas unhandlichen Leckerlibeutel zu fischen, ein an der Leine befestigter Kotbeutelspender dem Hund ständig vor den Augen baumelt oder es Ihnen nur schwer möglich ist, die ausziehbare Leine zu arretieren, hält sich der Nutzen dieses Zubehörs in Grenzen.

Geschirre

Das häufig vorgebrachte Argument, Geschirre wären für den Hund gesünder und schonender als Halsbänder, ist auf den ersten Blick sehr einleuchtend. Ein gut passendes Geschirr zu finden, das für den jeweiligen Hund wirklich schonender und angenehmer ist, als ein gut sitzendes und ausreichend weiches und breites Halsband, ist jedoch gar nicht so einfach.

Norwegergeschirre besitzen einen breiten Gurt, der quer über die Brust verläuft. Dieser Brustgurt darf nicht zu hoch angesetzt sein. Achten Sie darauf, dass er nicht auf die Luftröhre drückt, auch dann nicht, wenn der Hund beispielsweise am Boden schnuppert. Ein Norwegergeschirr ist einfach anzuziehen, es muss nur der Gurt unter dem Hundebauch geschlossen werden.

Y-Geschirre haben zwei schräge Gurten, die vor der Brust zusammenlaufen. Der Gurt zwischen den Vorderbeinen des Tieres darf nicht so breit sein, dass es dem Hund die Beine auseinanderdrückt (das gibt es leider wirklich). Das Problem tritt besonders bei kleinen Hunden und Welpen auf, die ein angeblich super bequemes Geschirr mit extra breitem, gepolstertem Gurt tragen. Zum Anlegen müssen die Beine des Hundes durch die Gurte geführt werden, für manche Vierbeiner ist dies zunächst gewöhnungsbedürftig.

Sogenannte Sicherheitsgeschirre verfügen über einen zweiten Bauchgurt, der über bzw. hinter dem letzten Rippenbogen des Hundes verläuft. Wenn er eng genug geschnallt ist, kann sich der Hund tatsächlich nicht befreien. Im Stehen engt dieser Bauchgurt den Hund normalerweise nicht ein, im Sitzen drückt er aber oft auf den Bauch. Sicherheitsgeschirre sollten daher nur in Sonderfällen (z.B. Angsthunde) und, wenn möglich, auch nur übergangsweise verwendet werden. Führen Sie in dieser Zeit Gehorsamsübungen wie »Sitz« und »Platz« nur dann mit dem Hund durch, wenn er durch das Geschirr bei der Ausführung nicht eingeengt wird.

Immer häufiger werden Geschirre verwendet, die vorne an der Brust einen zusätzlichen Ring zum Einhängen der Leine haben. Sie sollen dadurch einen nach vorne strebenden Hund sanft ausbremsen, indem sie ihn zur Seite lenken. An sich ist das Prinzip gut. Allerdings muss das Geschirr wirklich perfekt sitzen, da es sich sonst bei Zug in Richtung Leine verschiebt und auf der gegenüberliegenden Seite unter die Achsel des Hundes rutscht und scheuert.

Ein gutes Geschirr

- darf nicht scheuern, drücken oder den Hund unnötig einengen – muss jedoch so gut sitzen, dass es der Hund nicht abstreifen kann.

- sollte luftdurchlässig sein und schnell trocknen, wenn es einmal nass geworden ist. Viele Geschirre haben inzwischen extrem breite, z.T. mit Neopren oder anderem Gewebe unterlegte Gurte. Sie sind zwar bequem, Fell und Haut trocknen darunter aber oft nur schlecht ab, was zu Entzündungen führen kann. Solche Geschirre sollten unbedingt nach jedem Spaziergang ausgezogen und ggf. getrocknet werden.

Auch im Liegen darf das Geschirr nicht drücken oder einengen.

Halsbänder

Ob Sie ein Halsband zum Verschnallen wählen oder ein Zughalsband mit Stopp, ist Geschmackssache. Ein gut sitzendes Zugstopphalsband ist mit die sicherste Methode, um zu verhindern, dass sich ein Hund »ausziehen« kann, ohne ihn dabei unnötig einzuengen. Es ist so gearbeitet, dass es sich bei Bedarf ein Stück weit zusammenzieht, den Hund dabei jedoch nicht würgt.

Ein gutes Halsband sollte:

- *weich bzw. gepolstert sein und gut sitzen, so dass der Hund es nicht abstreifen kann. Achtung: Manche Materialien weiten sich in nassem Zustand. Gleichzeitig darf das Halsband (wenn der Hund nicht zieht) den Hals nicht einengen oder drücken, egal in welcher Position sich der Hund gerade befindet (z. B. liegt und sich einkringelt). Je nach Fellstruktur und Hautempfindlichkeit des Hundes sollte ein Halsband nicht den ganzen Tag getragen werden.*

- *eine entsprechende Breite haben, damit sich der Druck möglichst gut verteilt. Es darf allerdings nicht so breit sein, dass der Hund den Kopf nicht mehr bewegen oder sich nicht nach hinten umschauen kann.*

Fazit: Die Frage ob Geschirr oder Halsband lässt sich nur individuell beantworten!

Ein wichtiges Kriterium ist die sichere Kontrollierbarkeit, auch in schwierigen Situationen.

Mit einem Halsband geht es meist leicht, den Hund in die gewünschte Richtung zu lenken. Bei einem heftig in die Leine springenden Vierbeiner wirkt jedoch der entstehende Druck auf eine relativ kleine Fläche ein.
Bei einem Geschirr verteilt sich dieser Druck, allerdings sind die Einwirkungsmöglichkeiten meist schlechter als mit einem Halsband, weil die Leine in der Regel im Rückenbereich des Hundes befestigt wird. Es ist daher nicht so einfach, den Hund zu einem Richtungswechsel zu bewegen. Je weiter hinten die Leine eingehängt wird, desto schwieriger wird es bzw. ist es gar nicht mehr möglich. Eine Ausnahme sind Geschirre, die auf dem Rücken einen Griff haben! Mit ihm kann man – die nötige Kraft vorausgesetzt – im Notfall den Hund vorne anheben und so evtl. auch ausbremsen oder zur Seite ziehen.

Einigen Hunden gelingt es, sich auch aus eigentlich gut sitzenden Geschirren herauszuwinden, wenn sie beispielsweise kräftig nach hinten ziehen. Besonders problematisch kann das bei Angsthunden werden, die sich oftmals kaum mehr einfangen lassen, sobald sie sich befreit haben. Wenn Sie auf Nummer sicher gehen wollen, können Sie ein gut sitzendes Geschirr und ein Zugstopphalsband kombinieren. Geführt wird der Hund dann am besten an einer Leine mit zwei Karabinern, wobei Sie ihn überwiegend mit der »Geschirrleine« lenken.

Leinen

gibt es aus verschiedensten Materialien und in allen möglich Farben und Längen. Für welches Material man sich entscheidet, ist letztendlich Geschmackssache.

Als Führleine eignet sich am besten eine in der Länge verstellbare Leine (Gesamtlänge ca. 2 m), die Ihnen gut in der Hand liegt.

Lange Leinen/Schleppleinen sind in manchen Fällen unentbehrlich, um den Hund abzusichern und ihm gleichzeitig einen gewissen Freiraum zu geben. Sie werden in Verbindung mit einem gut sitzenden Geschirr verwendet, um Verletzungen zu vermeiden.

Je nach Bedarf sollte die Länge zwischen 5 und maximal 10 m liegen, sonst wird die Handhabung schnell kompliziert. Gut bewährt haben sich breitere Leinen, sie liegen meist besser in der Hand als die dünnen Seile, und vermindern beim Hund das Verletzungsrisiko, sollte er sich in der Leine verwickeln. Ausziehleinen werden gerne verwendet, haben

jedoch einige Nachteile. Zum einen muss der Hund immer ein wenig ziehen, was eigentlich vermieden werden soll und der Leinenführigkeit im Wege steht. Zum anderen besteht der ausziehbare Leinenteil meist aus einem dünnen Seil, das für andere teilweise schlecht erkennbar ist und in der Dämmerung zur Stolperfalle werden kann.

Bei jeder langen Leine besteht eine nicht zu unterschätzende Verletzungsgefahr für Ihre Hände, wenn der Hund losstartet und Ihnen die Leine dabei durch die Finger zieht. Die Verwendung von Handschuhen ist deshalb anzuraten. Gut geeignet sind Reit-, Fahrrad- oder Kletterhandschuhe, die an den Fingerspitzen offen sind.

Wahrnehmung, Reaktionsfähigkeit, Koordination

Im Zusammenhang mit Hundeausbildung wird häufig darauf hingewiesen, wann und warum gutes Timing oder zeitnahes Erkennen und Reagieren erforderlich sind. Oftmals wird jedoch einfach vorausgesetzt, dass der Hundehalter über diese Fähigkeiten verfügt. Das mag für manche Menschen durchaus zutreffen, andere tun sich schwerer damit, manchmal muss man das richtiggehend üben.

Wenn Sie Lust dazu haben und sich ein wenig auf die Suche begeben, finden Sie beispielsweise im Sportbereich oder bei Kinderspielen Sequenzen, die sich gut eignen, um Wahrnehmung und Reaktionsvermögen allgemein zu schulen oder auszuprobieren, wie es um die eigenen Fähigkeiten überhaupt bestellt ist.

Wahrnehmung

Nur wenn Sie rasch erkennen, was auf Sie zukommt, was sich in Ihrem Umfeld entwickelt, können Sie schnell reagieren.

Aufgabe:
Gehen Sie ohne Hund spazieren, konzentrieren Sie sich dabei schwerpunktmäßig auf den Weg vor Ihnen. Parallel dazu achten Sie auf die ganz bestimmten Dinge, die in Ihrem Umfeld auftauchen und die Sie zuvor festgelegt haben: Sie möchten beispielsweise alle roten Autos wahrnehmen, die in einem bestimmten Zeitraum an Ihnen vorbeifahren, oder alle Kinder, Katzen usw.

Einfacher ist es, wenn Sie sich immer nur auf eine Sache beschränken.

Schwieriger: Sie achten auf verschiedene Dinge, Sie gehen in Begleitung und unterhalten sich dabei.

Beobachten Sie Ihren Hund. Je besser Sie ihn lesen können, Zeichen der Aufregung oder Unsicherheit erkennen oder bemerken, dass er auf dem Sprung ist, umso zügiger werden Sie reagieren.

Wahrnehmen und reagieren

Unter Reaktionszeit versteht man die Zeit, die zwischen der Aufnahme eines Reizes über die Sinnesorgane (Gehör, Augen usw.) und Ihrer Reaktion darauf (z.B. eine bestimmte Bewegung) vergeht.

Übertragen auf das Hundetraining: Sie nehmen wahr (z.B. über die Augen), dass sich Ihr Hund hinsetzt, Ihre gedankliche Reaktion darauf = Lob, Ihre körperliche Reaktion = verbales Lob und/oder Bewegung = Leckerli in die Hundeschnauze stecken.

Üben Sie zunächst »nur« wahrzunehmen und mit Ihrer Stimme darauf zu reagieren. Beim Hundetraining benötigen Sie dies, um z.B. ein Signal im richtigen Moment zu geben oder um zeitnah zu loben.

Aufgabe:
Sie brauchen: Uhr mit Sekundenanzeige, Signalwort
Das Signalwort soll genau in dem Moment ausgesprochen werden, in dem die nächste Sekunde aufleuchtet bzw. der Sekundenzeiger eine Sekunde weiterspringt.
Etwas schwieriger: Signalwort nur bei jeder 2. oder 3. Sekunde aussprechen.

Aufgabe:
Sie brauchen: Einen menschlichen Übungspartner, Signalwort, eine bestimmte Bewegung, die der Übungspartner machen soll, z.B.: Hand in Hosentasche stecken, Arme verschränken, auf einen Stuhl setzen.
Ihr Übungspartner ist in Sichtweite und führt wiederholt, mit unterschiedlich langen Pausen dazwischen, die vereinbarte Bewegung aus. Sie beobachten ihn und versuchen, das Signalwort immer genau dann auszusprechen, wenn er damit beginnt, die Bewegung auszuführen.

Nun wird es etwas schwieriger, Sie müssen nach dem Wahrnehmen noch zusätzlich mit einer Körperbewegung reagieren. Beispiele: Sie geben dem Hund für das richtige Verhalten ein Leckerchen, wollen schnell stehenbleiben oder eine Wendung machen, damit der Hund nicht zur anvisierten Stelle gelangt.

Es kann außerordentlich hilfreich sein, wenn Sie den »Blitzstart« Ihres Hundes frühzeitig bemerken und anhalten können.

Rechtzeitig zu stoppen und den Hund für sein Umschauen zu belohnen, ...

... erfordert gute Wahrnehmung und schnelles Reagieren. Hier gelingt es vorbildlich.

Aufgabe:
Gehen Sie (ohne Hund) im Zimmer oder Gelände hin und her. In unregelmäßigen Abständen ruft Ihr Übungspartner STOPP, daraufhin bleiben Sie wirklich abrupt stehen und gehen keinen Schritt weiter.

Aufgabe:
Ähnlich wie bei Aufgabe 2 soll Ihr Übungspartner eine bestimmte Bewegung ausführen, z. B. nach dem Glas auf dem Tisch greifen, sich auf den roten Stuhl setzen usw. Sie selbst bewegen sich währenddessen hin und her.

Immer wenn er damit beginnt, die Bewegung auszuführen, bleiben Sie stehen und bewegen gleichzeitig Ihre Leinen-Hand z. B. vor Ihren Bauch.

»Gehen Sie geradeaus« …

Diese Anweisung hört man häufiger beim Hundetraining, meist in Kombination mit zielstrebig oder in selbstbewusster Haltung gehen. Probieren Sie aus, ob und wie sich Ihre Körperhaltung und Ihr Gang verändern.

Aufgabe:
Häufig schaut man auf den Weg vor sich. Nehmen Sie den Kopf hoch und fixieren einen Punkt vor Ihnen (Baum, Pfosten o. Ä.) oder schauen Sie entgegenkommenden Menschen auf die Haare, den Hut, die Mütze – die Haltung wird ein wenig aufrechter, der Gang zielstrebiger.

Aufgabe:
Drehen Sie beim Gehen die Daumen nach außen, die Handfläche zeigt nach vorne – fast automatisch werden die Schultern gerader und die Haltung aufrechter.

Im Gegenzug: Daumen nach innen drehen und Handfläche nach hinten – die Schultern fallen etwas nach vorne.

Zielstrebiges Gehen hilft den meisten Hunden, sich am Menschen zu orientieren.

Kapitel 3

Mit- und Herbeikommen

Nachfolgen

Nachfolgen ist keine moderne Trainingsaufgabe. Früher war es üblich, dass der Hund seine Menschen unangeleint begleitete. Blieb er dabei etwas zurück oder legte einen kleinen Abstecher ein, regte sich meist niemand darüber auf, die örtlichen Gegebenheiten ließen es zu. Aus dieser Selbstverständlichkeit heraus konnte der Hund lernen, dass er aktiv werden musste, damit er den Menschen, der in der Regel seinen Weg weiterging, nicht aus den Augen verlor. Ob er für seine Aufmerksamkeit und sein Nachfolgen immer in der Perfektion gelobt wurde, wie es heute empfohlen wird, bleibt offen – für den Hund hatte es sich allemal gelohnt, er war wieder mit seinem Menschen zusammen.

Wohnsituation und Verkehrsaufkommen erlauben diese Form des gemeinsamen Gehens inzwischen nur noch begrenzt, fast überall lauern Gefahren oder Verordnungen. Trotzdem ist Nachfolgen eine wichtige Übung, die Mensch und Hund die Möglichkeit gibt, sich aneinander zu orientieren, obwohl die eine oder andere Ablenkung am Wegesrand lauert. Es eignet sich auch als Vor- bzw. ergänzende Übung zum Herankommen und Gehen an lockerer Leine.

Welche Vorgehensweise beim Üben für Ihren Hund sinnvoll ist, hängt davon ab, wie sehr er von sich aus bereit ist, sich nach Ihnen zu orientieren.

Wenn Sie sich nicht sicher sind, ob Ihr Hund Ihnen problemlos nachfolgt oder sich daraus auch nur der Ansatz einer Gefahr für andere oder Ihren Hund ergibt, führen Sie den Vierbeiner besser an der Leine.

Lernziel: Ihr Hund begleitet Sie in lockerem Abstand und orientiert sich an Ihnen, ohne dass Sie dabei ständig auf ihn einwirken. Der Hund kann dabei durchaus schnüffeln, etwas zurückbleiben oder vorauslaufen.

Mögliche Signale: WEITER, DA LANG, oft in Kombination mit einer einladenden Handbewegung in die gewünschte Richtung.

Beantworten Sie die Kommunikation Ihres Hundes

Viele menschenbezogene Hunde, Welpen und junge Vierbeiner halten von sich aus gerne Kontakt zu ihrem Menschen. Deutlich erkennbare Kontaktzeichen sind: Hund rennt alsbald hinter Ihnen her, wenn Sie die Richtung wechseln, bleibt beim Vorauslaufen stehen, schaut sich nach Ihnen um oder kommt dicht zu Ihnen. Manche Hunde zeigen ihre Aufmerksamkeit nur durch ein kurzes Umschauen, einen Seitenblick, mit dem sie sich vergewissern, dass Sie noch da sind. Dadurch ergeben sich fast wie von selbst viele Gelegenheiten, den Hund für sein Mitkommen, seine Aufmerksamkeit zu belohnen.

Ein kleines Rennspiel mit anschließender Belohnung ist für manchen Hund ein zusätzlicher Anreiz, immer wieder zu schauen, wohin sich sein Mensch bewegt. Beispiel: Nimmt der Hund Blickkontakt zu Ihnen auf, dreht sich nach Ihnen um oder ist im Begriff, Ihnen nachzueilen, loben Sie ihn dafür und rennen dann ein paar Meter. Schließt er zu Ihnen auf, können Sie noch einige Meter gemeinsam laufen, dann halten Sie an und belohnen den Hund mit Leckerlis oder einem

3 | MIT- UND HERBEIKOMMEN

Nehmen Sie die Kommunikationsbereitschaft Ihres Hundes nicht als selbstverständlich hin, sonst stellt der Hund seine Aufmerksamkeit auf Sie irgendwann ein, da es sich für ihn nicht lohnt. Antworten Sie darauf mit einer kleinen Geste oder einem Lob.

Spielzeug. Wird der Hund dabei zu stürmisch, springt an Ihnen hoch usw., halten Sie sofort an und gehen in gemäßigterem Tempo weiter. Probieren Sie aus, welches Tempo und welche Gestik passt und was zu viel ist.

Übungsaufbau Nachfolgen

Ein sicheres, zunächst ablenkungsarmes Umfeld eignet sich gut für die ersten Übungen.

1. Lernschritt:

Leckerchen oder Spielzeug in die Hand nehmen, Hund kurz ansprechen, z. B. mit seinem Namen. Gehen Sie einige Schritte von ihm weg, evtl. können Sie auch plötzlich wegrennen oder schnell die Richtung wechseln. Durch die Bewegung reagieren viele Hunde deutlich aufmerksamer.
Folgt der Hund nach, gehen Sie noch einige wenige Meter weiter, sprechen ihn dabei freundlich an und zeigen ihm die Belohnung. Ist der Hund bei Ihnen angekommen, bzw. einige Schritte mitgelaufen, halten Sie an und er bekommt sein Futter bzw. das Spielzeug.
Folgt der Hund nicht sogleich nach, bewahren Sie Ruhe, auch wenn es schwerfällt. Tappen Sie nicht in die »Bemühungsfalle«, in dem Sie versuchen, den Hund mit Stimme, Spielzeugschwenken oder sonstigen Aktionen zum Mitkommen zu bewegen. Der Hund kann darauf reagieren oder auch nicht. Gehen Sie weiter Ihren Weg, als kleine Hilfe könnten Sie etwas schneller werden oder sich in einiger Entfernung hinhocken. Viele, vor allem junge Hunde schauen dann vermutlich nach, wo Sie geblieben sind. Dafür werden sie selbstverständlich belohnt.

2. Lernschritt:

Hat der Hund die Erfahrung gemacht, dass es sich lohnt, darauf zu achten, wohin Sie gehen, kündigen Sie Ihr Weggehen nicht mehr an, sondern entfernen sich einfach. Natürlich wird der Vierbeiner ausgiebig belohnt, wenn er weiterhin nachfolgt.

Viele Hundehalter verstecken sich gerne, um die Aufmerksamkeit des Hundes auf sich zu fördern. Für manchen Vierbeiner ist das gut machbar, andere werden ausgesprochen hektisch oder fangen panisch an zu suchen. Spätestens dann sollten Sie aus dem Versteck treten und den Hund auf sich aufmerksam machen. Bei sehr jungen Hunden, oder wenn es Probleme beim Alleinesein und Verlassenwerden gibt, verzichten Sie besser ganz auf das Verstecken.

Üben Sie Nachfolgen in unterschiedlichen Umgebungen. Gehen Sie über abgemähte Wiesen, durch kleine Pfützen oder Bächlein, durch raschelndes Laub oder über einen leeren Parkplatz.

Für einen jungen Hund ist bereits das Gehen auf unterschiedlichen Untergründen oder durch dichteren Bewuchs eine Herausforderung. Für den erwachsenen Hund sind die vielen Geruchsspuren eine nicht zu unterschätzende Ablenkung.

3. Lernschritt:
Folgt Ihnen der Hund immer häufiger, wenn Sie sich entfernen, kommt das dafür vorgesehene Signal zum Einsatz. Immer dann, wenn der Hund gerade dabei ist, Ihnen nachzufolgen.

4. Lernschritt:
Üben Sie mit ausgewählten »Ablenk-Personen«, die am Wegesrand stehen, sitzen oder gehen. Den Hund aber keinesfalls beachten oder gar locken. Gehen Sie in einigem Abstand an ihnen vorbei, auf sie zu, um dann (in ausreichender Entfernung) vorher nach rechts oder links abzubiegen. Die »Ablenk-Person« sollte sich auch dann völlig neutral verhalten, wenn der Vierbeiner schnell mal zu ihr hinrennt. Unterstützen Sie Ihren Hund in diesem Fall beim Mitkommen, indem Sie ihn nochmals ansprechen, etwas schneller gehen oder die Richtung wechseln – aber gehen Sie zielstrebig! Bereits ein ständiges Umschauen nach dem Hund kann diesem Ihre Unentschlossenheit signalisieren.

Manchen Vierbeiner müssen Sie etwas mehr überzeugen ...

Einige Hunde schätzen die Nähe ihres Menschen durchaus, sind jedoch insgesamt eher unabhängig und daher auch nicht sofort zur Stelle, wenn sich der Besitzer aus seinem Gesichtsfeld wegbewegt. Wenn es aus Sicht des Hundes etwas Interessantes zu erkunden gibt, kann die Nähe zum Besitzer sogar zweitrangig werden. Bei einer sehr selbstständigen und unabhängigen Hundepersönlichkeit brauchen Sie vermutlich einiges Durchhaltevermögen, um ihr zu vermitteln, dass Aufmerksamkeit Ihnen gegenüber eine wirklich lohnenswerte Angelegenheit ist. Drängen Sie sich nie auf. Wenn Sie ihren Hund immer wieder ansprechen, anfassen, ihm Spielzeug oder Leckerchen förmlich hinterhertragen, um von ihm beachtet zu werden, führt dies bei vielen Hunden dazu, dass sie noch mehr auf Distanz gehen. Eine erfolgreiche Strategie besteht darin, bereits kleinste, vom Hund selbst angebotene Aufmerksamkeitsschritte zu bemerken und zu belohnen. Wenn Sie sich zielstrebig und

SOUVERÄNES GEHEN MIT RICHTUNGSWECHSEL

Vorbedingungen: eingezäuntes Trainingsgelände oder großer Abstand zu gefährlichen Stellen, damit Sie souverän agieren können, ohne sich Sorgen machen zu müssen, dass etwas passiert. Alternativ kann mit langer Leine gearbeitet werden, dazu trägt der Hund ein Brustgeschirr und eventuell einen Ruckdämpfer zwischen Leine und Geschirr. Mit großen oder stürmischen Hunden sollte besser ohne Leine gearbeitet werden, trotz Brustgeschirr und sicherem Schuhwerk ist die Verletzungsgefahr für Hund und Mensch zu hoch.

Gehen Sie zügig und ohne ein Signal zu geben oder sich nach dem Hund umzuschauen über das Gelände. Ändern Sie ab und an die Richtung. Bleiben Sie stehen, und kehren Sie um, ohne es dem Hund vorher anzukündigen.

Dieses Vorgehen verlangt Ausdauer und Gelassenheit. Es dauert unter Umständen einige Zeit, bis der Hund auf Sie achtet. Gehen Sie unbeeindruckt Ihren Weg, auch wenn der Hund zunächst einmal den Freiraum dazu nutzt, das Gelände zu erkunden. Der Hund darf keinesfalls durch ein Leckerchen oder Spielzeug animiert oder durch Leinenruck herangezogen werden, nur seine freiwillige Kontaktaufnahme wird belohnt. Sonst sind es ja wieder Sie, der sich bemüht, und der Hund hat die Wahl, darauf zu reagieren oder auch nicht.

Ein wenig Unterstützung ist erlaubt:

- *Schneller gehen – ein leichter Laufschritt animiert Hunde zum Nachfolgen.*

- *Übung in sicheres, aber dem Hund nicht so vertrautes Gelände verlegen. (Viele Hunde achten in fremdem Umfeld eher auf ihren Menschen.)*

- *Hund mit Namen ansprechen, um ihn aufmerksam zu machen und/oder erst losgehen, wenn er Sie im Blickfeld hat.*
- *Um die Motivation des Hundes zu erhöhen, hinter Ihnen herzukommen, können Sie ihm auch zu Beginn der Übung zeigen, dass Sie Futterbelohnungen und/oder sein Lieblingsspielzeug dabei haben.*

Am Anfang belohnen Sie jede noch so kleine, vom Hund selbst angebotene Aufmerksamkeit in Ihre Richtung: Der Hund schaut sich beispielsweise nach Ihnen um oder nimmt Blickkontakt zu Ihnen auf. Sie quittieren das, indem Sie ihm eine Belohnung anbieten. Diese muss er sich allerdings bei Ihnen abholen.

Beenden Sie die Aufgabe, wenn der Hund auf die Richtungsänderungen reagiert und nachfolgt und/oder mehrmals Kontakt mit Ihnen aufgenommen hat. Dann dürfen Sie sich ehrlich freuen! Es ist ein tolles Erfolgserlebnis, wenn der Hund trotz der Ablenkungen auf Sie achtet.

Mitlaufen »bei Fuß« oder an »lockerer Leine«?

Es gibt Hundehalter, die scheuen das Fußgehen, wie es für den Hundesport vorgegeben ist. Die Übung erscheint mühsam – tatsächlich ist je nach gewünschter Perfektion ein erheblicher Trainingsaufwand nötig. Trotzdem hat sie auch im ganz normalen Alltag ihre Berechtigung, denn es gibt viele Situationen, in denen es sinnvoll ist, den Hund dicht neben sich zu führen.

Fußgehen ist eine klar definierte Aufgabe mit nur kleinen Variationen. Dadurch gibt sie Hund und Mensch eindeutige Regeln vor, an die man sich halten kann. Je eindeutiger etwas definiert ist, umso leichter fällt das Erlernen.

Fuß-Gehen

Im Hundesport versteht man darunter Folgendes: Der Hund geht dicht neben Ihnen und seine Schulter befindet sich auf Höhe Ihres Beines. Er sollte dabei stets Blickkontakt zu Ihnen halten.
Für den Alltagsgebrauch reicht es meist aus, wenn der Hund dicht an Ihrem Bein läuft, bei Ihren Wendungen mitgeht, ohne dass Sie extra auf ihn einwirken müssen. Außerdem sollte er Blickkontakt zu Ihnen aufnehmen, wenn Sie ihn dazu auffordern.

Der Hund wird traditionell links geführt. Im Alltag hat es sich jedoch bewährt, ihn sowohl rechts als auch links führen zu können. Beim korrekten Fußgehen müssen Hund und Mensch sich sehr konzentrieren, daher sollten diese Sequenzen immer nur kurz sein.

Wie so oft gibt es verschiedene Möglichkeiten, eine Übung aufzubauen. Benötigen Sie das Fußgehen sehr exakt oder für eine ganz bestimmte Aufgabenstellung, ist es sinnvoll, dafür unter Anleitung zu trainieren. Grundsätzlich ist es hilfreich, den Hund mit einem »Ritual« auf die Übung vorzubereiten. Hierfür eignet sich beispielsweise die sogenannte Grundstellung, in der der Hund (je nach Definition) rechts oder links neben Ihnen sitzt und seine Aufmerksamkeit auf Sie richtet. Diese Grundstellung ist auch in anderen Alltagssituationen nützlich, wenn Sie jemanden begrüßen möchten, kurz am Straßenrand anhalten oder als Einstimmung für Aufgaben wie Apportieren, Hundesport usw.

Den meisten Hundehaltern ist es wichtig, dass ihr Hund sie an lockerer Leine begleitet. Das hört sich einfach an, ist aber für viele eine Aufgabe, mit der sie über einen längeren Zeitraum beschäftigt sind. Gehen an lockerer Leine ist zwar auch definiert, lässt aber größeren Spielraum zu: beispielsweise darf der Hund mehr oder weniger Abstand haben, schnüffeln usw. Es fällt vielen Menschen schwer, auf die Einhaltung von Grenzen zu achten, die verschiebbar sind, und es ist für manchen Vierbeiner nicht einfach, von sich aus diese variablen Grenzen zu erkennen und einzuhalten.

Übungsaufbau Grundstellung

Üben Sie eventuell die Hand- bzw. Körperbewegungen ohne Hund, bis sie Ihnen geläufig sind.

Führen Sie die linke Hand mit dem Leckerli im gleichen Bogen wie zuvor nach links außen-hinten und dann dicht an Ihren Körper heran bis zu Ihrem linken Bein.

1. Lernschritt:

Der Hund befindet sich vor Ihnen. Halten Sie ein Leckerchen in der linken Hand, animieren Sie den Hund, dieser Leckerli-Hand zu folgen, indem Sie diese nach links außen-hinten bewegen. Die meisten Hundehalter machen hierbei fast automatisch einen Ausfallschritt mit dem linken Bein nach hinten, dies kann für den Hund eine weitere Hilfe sein. Folgt der Hund der Hand, bekommt er die Futterbelohnung.

Bewegen Sie das Bein wieder nach vorne, der Hund kommt mit und soll nun parallel zu Ihnen dicht neben Ihnen sein. Belohnen Sie ihn dafür.

3. Lernschritt:
Erst wenn der Hund die Bewegung flüssig mitmacht und im Endergebnis dicht neben Ihnen sitzt, begleiten Sie die Aufgabe mit dem vorgesehenen Signal. Oft verwendet wird: RAN, BEI MIR oder DICHT.

Reduzieren Sie Ihre unterstützenden Bewegungen (Ausfallschritt, übertriebene Armbewegung), auch das Leckerchen gibt es am Ende nur noch für die korrekte Position neben Ihnen.

④

2. Lernschritt:
Führen Sie die Leckerli-Hand in Richtung Ihres Gesichts nach oben, sobald der Hund sich wie gewünscht neben Ihnen befindet. Er wird dem Leckerchen nachschauen und sich fast automatisch dabei hinsetzen. Natürlich wird er dafür mit dem Futter belohnt.

Übungsaufbau Fuß-Gehen

Aus der Grundposition heraus – der Hund sitzt angeleint links neben Ihnen und seine Aufmerksamkeit ist auf Sie gerichtet. Wollen Sie den Vierbeiner rechts führen, gilt alles seitenverkehrt.

Mögliche Signale: FUSS begleitet von einem Handzeichen, z. B. klopfen an Ihr linkes Bein.

1. Lernschritt:

Halten Sie ein Leckerchen in der linken Hund, die Leine halten Sie rechts. Ermuntern Sie den Hund durch Bewegen der Futterhand und einen stimmlichen Anreiz mitzukommen. Wenn Sie mit dem linken Bein starten, ist das zusätzlich ein guter Impuls mitzugehen.

Geht der Hund zwei oder drei Schritte aufmerksam neben Ihnen, folgt sofort die Futterbelohnung und die Übung wird mit dem Auflösesignal beendet.

Ob Sie die Leckchenhand anfangs nahe an der Hundenase führen oder in Höhe Ihres Bauches bzw. Oberkörpers halten, hängt ein wenig von Ihrem Hund ab. Bei einem sehr kleinen Hund wird das mit Vor-die-Hundenase-Halten eh ein wenig schwierig, Rückenschmerzen sind vorprogrammiert.

Achtung: Wenn Sie zu sehr mit Futter locken, d.h. das Futter quasi vor der Hundenase entlang führen, bringen Sie den Hund in der Regel schnell dazu, die gewünschte Fuß-Geh-Position einzunehmen. Er selber ist sich dessen aber vermutlich gar nicht bewusst, sondern damit beschäftigt, das leckere Futter zu erreichen. Wenn Sie ihn jetzt für das in Ihren Augen gute Gehen neben Ihnen belohnen, belohnen Sie ihn eigentlich für seine Gier nach dem Leckerchen. Halten Sie daher das Leckerchen beim Gehen sobald wie möglich nicht mehr direkt vor die Hundenase, sondern in Ihrer geschlossenen Hand, die Sie immer mehr vor Ihren Körper nehmen.

2. Lernschritt:

Anfangs belohnen Sie den Hund für wenige Schritte, die er in der korrekten Fuß-Position neben Ihnen gegangen ist. Mit zunehmendem Trainingserfolg vergrößern Sie den zeitlichen Abstand zwischen den Leckerchengaben. Belohnen Sie Ihren Hund während des Gehens genau dann, wenn er sich dicht bei Ihnen befindet und (wenn erwünscht) zu Ihnen hochschaut.

Sinnvoll ist hierbei der Einsatz Ihres Lobwortes, damit Sie nicht immer ein Leckerchen reichen müssen.

3. Lernschritt:

Geht der Hund nun in der gewünschten Position bei Fuß, geben Sie ihm genau in diesem Moment das dafür vorgesehene Hörzeichen.

Beenden Sie die Fuß-Übung (auch wenn sie nur wenige Schritte lang war) immer mit dem Auflösesignal. Der Hund darf daraufhin entweder frei laufen oder wird weiter an einer längeren Leine geführt, darf seine Aufmerksamkeit aber auch wieder anderen Dingen zuwenden.

Einigen Vierbeinern ist es unangenehm, sehr dicht, evtl. sogar mit Körperkontakt, an der Seite ihres Menschen zu gehen. Akzeptieren Sie dies. Wenn Sie das Fußgehen nicht für den Hundesport benötigen, muss der Hund nicht an Ihrem Bein kleben.

Überprüfen Sie, ob irgendwelche Aktionen Ihrerseits den Hund daran hindern, dicht bei Ihnen zu gehen.

- *Irritiert ihn Ihre Körpersprache? Auch Kleinigkeiten können ausschlaggebend sein, ein unruhiger Gang etwa oder unbewusste Bewegungen zum Hund hin.*

- *Weicht der Hund zur Seite aus, weil Ihre offene Jacke oder der umgebundene Pullover ständig am Hundekopf streifen oder ihm bei Wendungen gar die Sicht verdecken, oder das Leinenende ständig vor der Hundenase hin und her schwingt?*

- *Geht er dichter neben Ihnen, wenn Sie Ihre Umhängetasche auf der anderen Seite tragen oder den am Hosenbund klappernden Schlüsselanhänger entfernen?*

Leinenführigkeit

Eine mögliche Lernziel-Definition: Hund geht an lockerer Leine mit seinem Besitzer mit, ohne zu ziehen. Interesse an der Umwelt evtl. auch schnüffeln sind erlaubt.

Signale: Für viele Hundehalter ist die Leine das Signal, d.h. ist der Hund angeleint, soll er in gewünschter Form mitgehen. Andere Hundebesitzer verwenden lieber ein verbales Kommando: BEI MIR, LEINE.

Hilfreich ist auf alle Fälle ein Signal (Wort, Geräusch) an den Hund, das so viel wie »wir gehen weiter« bedeutet.

Leinenführigkeit gelingt nicht von heute auf morgen. Wie machen Sie das dann in der Praxis, wenn Sie trotzdem mit dem angeleinten Hund unterwegs sein wollen oder auf einem Spaziergang Ihr Augenmerk und Ihre Konzentration nicht ausschließlich auf die korrekte Leinenführigkeit legen können oder möchten? Wenn die Alltagssituation so viel Ablenkung bietet, dass es dem Hund auch mit bestem Willen noch nicht gelingt, ohne zu ziehen, mitzugehen?

3 | MIT- UND HERBEIKOMMEN

Entscheiden Sie sich für eine Zwischenlösung. Wenn Sie nicht auf die Leinenführigkeit achten können, geben Sie dem Hund die kontrollierte Erlaubnis zum Ziehen. Aber: Er muss genau erkennen können, welche Variante gerade dran ist. Verwenden Sie beispielsweise ein Brustgeschirr, wenn der Hund an der Leine »frei« hat und ziehen darf. Haken Sie die Leine am Halsband ein, wenn Sie an der Leinenführigkeit arbeiten möchten. Führen Sie den Hund ausschließlich am Geschirr, können Sie die unterschiedlichen Ringe als Signal verwenden.

Übungsaufbau – Gehen an lockerer Leine

Wählen Sie eine Leine, die dem Hund ausreichend Spielraum gewährt. Eine zu kurze Leine ist bereits gespannt, wenn Sie eine etwas ungeschickte Körperbewegung machen oder der Hund ein wenig Abstand zu Ihnen hat. Üben Sie die Leinenführigkeit sehr bewusst und mit guter Konzentration aufeinander. Anfangs am besten, wenn der Hund sich bereits gelöst hat, ein wenig müde ist und auch dann nur für wenige Meter.

1. Lernschritt:
Warten Sie ab, bis der angeleinte Hund von sich aus zufällig im gewünschten Radius neben Ihnen läuft. Durch eine geschickte Wegführung können Sie günstige Bedingungen schaffen.

Viele Hunde sind aufmerksamer und gehen zügiger mit, wenn Sie mit ihnen um Hindernisse gehen oder Richtungswechsel und Wendungen durchführen, als beim langen Geradeausgehen.

Ändern Sie jedoch die Richtung nicht so abrupt, dass es den Hund fast von den Pfoten holt, er einen heftigen Ruck verspürt oder Sie ihn mit einem Bodycheck beiseite drängen. Je nach Situation und Hundepersönlichkeit kann es einige Zeit dauern, bis der Hund die gewünschte Position einnimmt. Er wird sie vielleicht nur kurz zeigen. Befindet sich der Hund an lockerer Leine bei Ihnen, wird er sofort belohnt – mit einem kleinen Leckerchen, dem Lobwort oder Clicker. Die Tatsache, dass man ein wenig abwarten muss, kann das zeitnahe Belohnen erschweren. Man erkennt das erwünschte Verhalten zu spät und verpasst den richtigen Zeitpunkt oder ist zu ungeduldig und belohnt bereits ein Verhalten, welches noch nicht ganz zutreffend ist.

2. Lernschritt:

Nun brauchen Sie viele Gelegenheiten, um den Hund für richtiges Verhalten belohnen zu können. Im Prinzip einfach, aber wie schon erwähnt: Gehen an lockerer Leine lässt immer ein wenig Interpretations-Spielraum. Definieren Sie für sich, wie sich der Hund verhalten soll, um an lockerer Leine zu gehen. Gehen Sie anfangs wirklich nur wenige Meter und in einem Umfeld, von dem Sie annehmen, dass es dem Hund möglich ist, an lockerer Leine nebenherzugehen, damit Sie ihn belohnen können, ehe es mit der Konzentration vorbei ist. Wiederholen Sie diesen Lernschritt so oft als möglich, steigern Sie dabei die Zeitspanne aber nur sehr langsam. Wird es für den Hund immer klarer, was Sie von ihm möchten, und befindet er sich immer öfters innerhalb der Grenzen für lockere Leine, können Sie zum Lob nun Ihr dafür ausgewähltes Signal geben.

3. Lernschritt:

Auflösesignal nicht vergessen! In Alltagssituationen passiert es immer wieder, dass man zunächst aufmerksam »miteinander« an der Leine geht, dann aber leider ein wenig schwächelt und der Hund die Aufgabe von sich aus beendet und mehr oder weniger intensiv in eine für ihn interessante Richtung strebt. Oft bemerkt man dies erst, wenn das Ziehen lästig wird oder der Hund bereits am Straßenrand schnüffelt. Damit Gehen an lockerer Leine zuverlässig gelingt, braucht der Hund unbedingt eine klar erkennbare Mitteilung darüber, wann die Aufgabe beginnt und wann sie endet.

Der Erfolg hängt in großem Maße davon ab, dass Sie den Hund jedes Mal nur dann loben, wenn er sich innerhalb der gedachten Grenzen neben Ihnen bewegt.

Es gibt nicht nur eine Möglichkeit

Je nach Hundepersönlichkeit brauchen Sie wahrscheinlich noch weitere Ideen, wie Sie die Leinenführigkeit trainieren können. Es gibt leider nicht die eine Methode, die bei jedem Hund und in jeder Altersphase geeignet und erfolgreich ist.

STEHEN BLEIBEN, WENN DER HUND ZIEHT.

Dies erscheint am Anfang mühsam und Sie kommen sicher nicht sehr weit.

Immer, wenn der Hund an der Leine nach vorne zieht, bleiben Sie stehen und halten die Leine ruhig, ohne zu ruckeln, gegen den Zug des Hundes.

Warten Sie gelassen ab, bis er sich nach Ihnen umschaut oder einen Schritt in Ihre Richtung zurückgeht und sich dadurch die Leine lockert. Loben Sie den Hund genau in diesem Moment.

Locken Sie den Hund zu sich und gehen Sie erneut los. Manchmal ist es hilfreich, wenn Sie dann nicht in die gleiche Richtung gehen (vermutlich strafft sich dann nach wenigen Schritten die Leine erneut), sondern entgegengesetzt.

WIR GEHEN WEITER ...

Gehen an lockerer Leine gibt dem Hund immer ein wenig Spielraum. Daher entstehen ab und an Situationen, in welchen Sie Ihrem Hund signalisieren möchten: »beeile dich ein wenig« oder »wir wechseln die Richtung«. Wenn Sie ihm dies auf elegante Art und Weise mitteilen, ohne ständig an der Leine zu rupfen, ist das für Sie beide angenehmer.

Verwenden Sie dazu entweder das Signal WEITER, das der Hund schon vom Nachfolgen her kennt, oder ein neues Geräusch. Dieses müssen Sie natürlich erst etablieren: Machen Sie das Geräusch in ablenkungsfreier Umgebung und unabhängig von der Leinenführigkeit. Unmittelbar danach bekommt der Hund ein Leckerchen. Nach einigen Wiederholungen bedeutet das Geräusch etwas Gutes für ihn und er wird sich nach Ihnen umwenden, um sein Futter abzuholen.

Danach können Sie Leinenführigkeit und Weitergeh-Signal miteinander verbinden. Geben Sie dem

Hund das ausgewählte Signal, wenn er sich beispielsweise ein wenig vor Ihnen befindet. Wendet er sich Ihnen zu, wird er sehr gelobt und Sie gehen beide in die angedachte Richtung weiter. Achtet er nicht auf Sie, war entweder im Umfeld zu viel Ablenkung oder der Hund hat die Bedeutung des Signals noch nicht sicher verstanden.

AUFMERKSAM MACHEN, OHNE ZU ÜBERTREIBEN

In Phasen, in denen für den Hund alles wichtiger ist, als locker neben Ihnen herzugehen, bekommen Sie vielleicht den Ratschlag: »Sie müssen schauen, dass Sie für den Hund interessanter werden!« Das kann durchaus hilfreich sein. Nur – interessanter wird man nicht, indem man sich noch mehr um den Hund bemüht, auf ihn einredet, jeden Tag die Leckerchensorte wechselt oder ein neues Spielzeug hervorzaubert. Das mag kurzzeitig funktionieren, sobald sich jedoch etwas Interessanteres ergibt, achtet der Vierbeiner schon wieder nicht auf Sie.

Versuchen Sie es einmal mit einer anderen Vorgehensweise. Reden Sie nicht ständig auf den Hund ein, Sie müssen nicht den Alleinunterhalter für ihn spielen. Im Gegenteil, er soll nun lernen, sich auf Sie zu konzentrieren. Gut geeignet dafür ist die Übung mit Richtungswechseln, ähnlich wie beim Nachfolgen beschrieben. Führen Sie den Hund an einer etwas längeren Leine, machen Sie ihn kurz aufmerksam, dass Sie nun starten und gehen dann souverän Ihren Weg, ohne weiter auf den Hund einzureden.

Wechseln Sie die Richtung, wenden Sie, gehen Sie Bögen usw. Immer dann, wenn der Hund zu Ihnen aufschließt oder auf Sie achtet, loben Sie ihn sofort dafür und gehen dann weiter. Falls Ihnen das gezielte Gehen schwerfällt, suchen Sie sich Markierungshilfen: Gehen Sie um Pfosten, Säulen etc. auch einige nicht zu dicht beieinanderstehende Bäume sind gut geeignet. Durch Ihr ruhiges aber zielstrebiges Gehen vermitteln Sie dem Hund, dass Sie wissen, was Sie wollen.

Er folgt Ihnen dann aufmerksamer, als wenn Sie unschlüssig über die Wiese gehen würden. Überlegen Sie zudem, ob Sie auch bei anderen Gelegenheiten dazu neigen, auf den Hund einzureden, wenig konsequent sind oder häufig auf die Aktionen des Hundes reagieren.

NEUES SIGNAL

Hunde, die schon über eine lange Zeit an der Leine gezogen haben, sind oft nicht mehr sensibel – weder für den körperlichen Zug, der auf sie einwirkt, noch auf Ihre Signale und Bemühungen. Hier muss man oftmals ganz neue Wege gehen, um Erfolg zu haben.

Hat der Hund das bisher verwendete Signal schon völlig falsch verknüpft, so ist es besser, ein neues Signal mit entsprechender Definition einzuführen. Das ist in der Regel erheblich erfolgversprechender, als der Versuch, ein schlecht trainiertes Signal nachzubessern.

Wenn der Zug am Hals für den Hund schon zum Dauerzustand geworden ist, lassen Sie das Halsband erst einmal ganz weg und verwenden stattdessen ein Geschirr.
An diesem darf er mit Erlaubnis auch ziehen, parallel dazu üben Sie das Gehen an lockerer Leine in gesonderten Übungsschritten.

HINTEN GEHEN

Auf schmalen Pfaden, steil bergabführenden, rutschigen Wegen soll der Hund zwar dicht bei Ihnen gehen, ein direktes Nebenher-Gehen ist jedoch nicht möglich. An Engstellen oder bei Begegnungen kann es erforderlich sein, dass Sie vorangehen und den Hund hinter sich schicken möchten.

Lernziel: Der Hund läuft an lockerer Leine dicht hinter Ihnen, ohne zu drängeln.

Mögliche Signale: HINTEN, ZURÜCK, oft begleitet vom Sichtzeichen: »Flache Hand, die nach hinten weist«.

3 | MIT- UND HERBEIKOMMEN

Suchen Sie einen Weg an einer Hecke oder Mauer entlang. Führen Sie den angeleinten Hund so dicht an dieser Begrenzung entlang, dass er keine Chance hat, neben Ihnen zu gehen. Drängelt er vorbei, versperren Sie ihm ohne weiteren Kommentar den Weg, indem Sie ihm z. B. mit dem Bein den Weg abschneiden.

Bleibt er hinter Ihnen, loben Sie ihn jedes Mal. Erst, wenn der Hund bereits für einige Schritte hinter Ihnen geht, ohne zu drängeln, geben Sie ihm das dazugehörige Kommando. Immer in dem Moment, in dem er sich wie gewünscht verhält.

SEITENWECHSEL

Vermutlich haben Sie eine bevorzugte Seite, auf der Sie den Vierbeiner führen. Gewöhnen Sie ihn daran, auch auf Ihrer anderen Seite zu gehen. Das kann nützlich sein, wenn Sie an einer stark befahrenen Straße entlanggehen oder bei Begegnungen zum Abstandshalter zwischen Hund und Mensch/Tier werden möchten.

Signal: ANDERE SEITE oder auch RECHTS bzw. LINKS.

Führen Sie den Hund mit der Leine hinter Ihrem Körper auf Ihre andere Seite. Durch einen Wechsel vor Ihnen könnten Sie ins Straucheln kommen, weil der Vierbeiner hierbei eher zwischen Ihre Beine gerät.

Der Rückruf

Lernziel:
Der Hund kommt auf ein Abruf-Signal hin sofort und auf direktem Wege ohne innezuhalten zu Ihnen, ganz egal, was er gerade macht. Er verharrt so lange bei Ihnen, bis er die Erlaubnis bekommt, sich wieder zu entfernen oder sich ein weiteres Signal anschließt.

Mögliche Signale:
HIER, KOMM, Pfeifsignal. Sie können die Signale mit dem Namen Ihres Hundes verbinden. Der Name dient dazu, den Hund aufmerksam zu machen. Er allein reicht allerdings nicht aus, da der Hund seinen Namen häufig in den unterschiedlichsten Situationen vernimmt. Selbst wenn er auf die Nennung seines Namens hin kurz aufmerkt, so sagt ihm dieser alleine doch nicht, was er noch tun soll.

Ihre Körpersprache

spielt beim Umgang mit dem Hund immer eine Rolle. Beim Herankommen kann sie entscheidend dazu beitragen, dass der Hund gerne und dicht herankommt (oder auch nicht).

Für viele Hunde ist das schnelle, frontale Zurennen auf ihren Menschen zunächst nicht einfach. Aus Hundesicht ist ein solches Verhalten, evtl. sogar verbunden mit Körperkontakt, sehr unhöflich, ja sogar unverschämt oder bedrohlich. Wenn sich Hunde einander freundlich nähern, geschieht dies in langsamem Tempo und oftmals in einem kleinen Bogen von der Seite.

Wundern Sie sich also nicht, wenn der Hund dieses Verhalten auch auf die Annäherung an Sie überträgt. Es ist kein Ungehorsam, er will nur höflich sein. Ist der Hund in dieser Hinsicht besonders sensibel, so ist es zumindest im Alltag vollkommen ausreichend, wenn der Hund zügig und ohne Unterbrechung zu Ihnen kommt, auch wenn er dabei einen kleinen Bogen läuft.

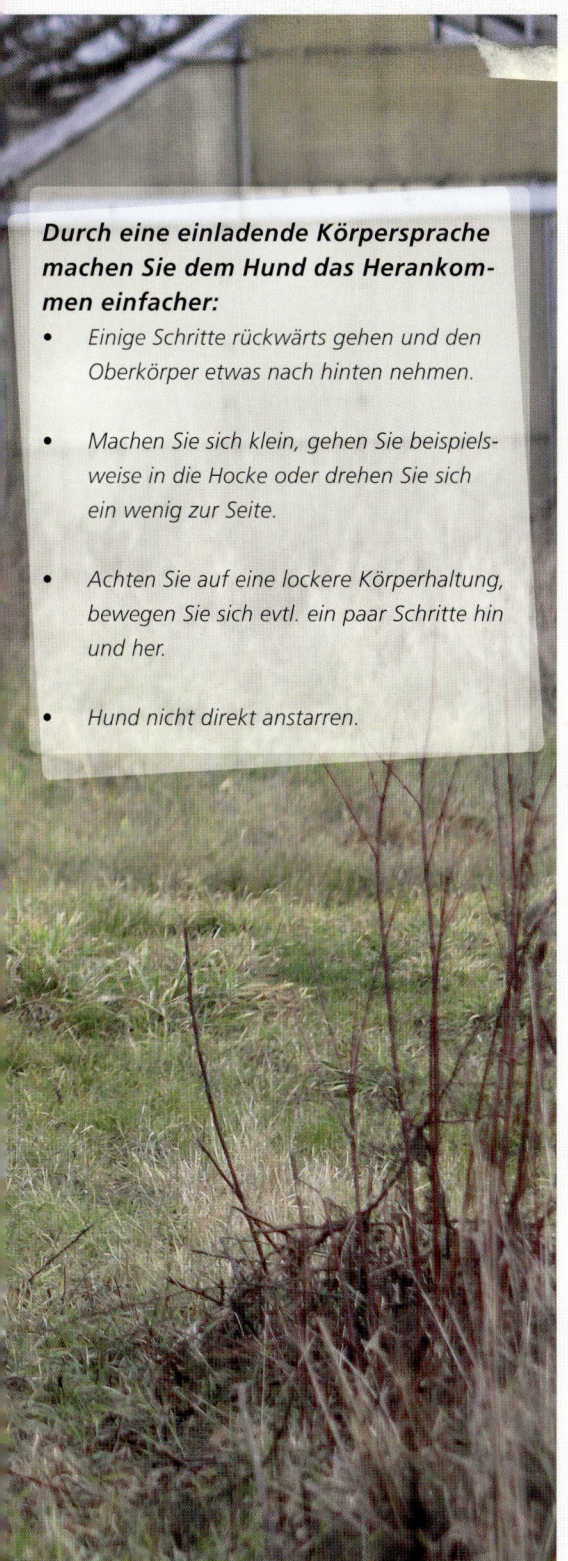

Durch eine einladende Körpersprache machen Sie dem Hund das Herankommen einfacher:

- Einige Schritte rückwärts gehen und den Oberkörper etwas nach hinten nehmen.

- Machen Sie sich klein, gehen Sie beispielsweise in die Hocke oder drehen Sie sich ein wenig zur Seite.

- Achten Sie auf eine lockere Körperhaltung, bewegen Sie sich evtl. ein paar Schritte hin und her.

- Hund nicht direkt anstarren.

Wenn der Hund nur zögernd herankommt, etwas auf Abstand bleibt oder scheinbar albern um Sie herumhüpft, kann die Ursache darin liegen, dass Ihre Körpersprache und Gesten den Hund verunsichern oder bedrohlich auf ihn wirken.

Beispiele:
Sie stehen unbeweglich da, stampfen evtl. sogar mit dem Fuß auf, weil Sie sauer sind über den nicht erscheinenden Hund. Sie möchten erreichen, dass der Hund möglichst zügig herankommt, bringen ihn dabei aber in einen Konflikt. Ihr verbales Signal bedeutet herankommen, Ihre Körpersprache sagt: halte Abstand.
Sie beugen sich dem Vierbeiner entgegen, schauen ihn direkt an, strecken die Hand nach ihm aus, damit Sie ihn möglichst rasch greifen können. Hastige Berührungen, insbesondere von vorne/oben, sind für viele Hunde äußerst unangenehm und sie werden vermutlich ausweichen.

Manche Hunde versuchen, derartige Situationen mit einer Spielaufforderung zu entschärfen, was auf die meisten Besitzer dann besonders albern und ungehorsam wirkt.

Andere Vierbeiner zeigen deutliche Körpersignale der aktiven Demut und versuchen so, ihren Besitzer milde zu stimmen: Der Hund wird beispielsweise auf den letzten Metern des Herankommens langsamer, die Körperhaltung ist leicht geduckt, der Kopf ein wenig abgewendet. Der Hund kommt nicht direkt auf den Besitzer zu, sondern er nähert sich im Bogen von der Seite an. Häufig ist ein Blinzeln und ein Sich-über-die-Schnauze-Lecken zu beobachten.

Übungsaufbau für das Herankommen

Vorübung:
Diese eignet sich besonders für Welpen und junge Hunde. Ein Helfer hält den Hund am Halsband/Geschirr fest. Bei Welpen ist dies in der Regel unproblematisch, beim erwachsenen Hund muss man vorher

ausprobieren, ob er sich dies von einer Fremdperson gefallen lässt oder sich unbehaglich fühlt.

Entfernen Sie sich vom Hund, machen Sie sich während des Weggehens interessant, indem Sie den Namen des Hundes sagen, rennen, ihm ein Leckerchen oder Spielzeug zeigen.

Drehen Sie sich zum Hund um, nehmen Sie eine einladende Körperhaltung ein, indem Sie beispielsweise in die Hocke gehen. Rufen Sie den Namen des Hundes, der Helfer lässt in diesem Moment den Hund los, wenn der Hund auf Sie zurennt, sagen Sie das Abrufsignal und empfangen ihn mit Lob und Freude.

Rückruf-Übungen mit dem unangeleinten Hund in sicherem Gebiet, ohne große Ablenkungen:

1. Lernschritt:

Anfangs ist der Abstand zwischen Hund und Mensch sehr gering, der Hund muss sich nur umdrehen oder wenige Schritte gehen, um an die Belohnung zu gelangen. Dadurch vermeiden Sie, dass ihm auf dem Weg zu Ihnen etwas »dazwischen kommen« könnte.

① Sie befinden sich in der Nähe des Hundes. Warten Sie entweder, bis der Hund sich Ihnen von selbst zuwendet, oder versuchen Sie, seine Aufmerksamkeit zu erlangen, indem Sie mit der Leckerchentüte rascheln, mit einem Spielzeug quietschen, den Hund kurz mit Namen ansprechen, einige Schritte rückwärtsgehen oder ein kleines Stück wegrennen.

② Genau in dem Moment, in dem der Hund damit beginnt, auf Sie zuzulaufen, geben Sie ihm das Signal zum Herkommen.

Gleichzeitig bieten Sie dem Hund für ihn gut sichtbar die Belohnung an, die er erreichen kann, wenn er dicht zu Ihnen herankommt. Sobald der Hund bei Ihnen angekommen ist, erhält er seine Belohnung.

2. Lernschritt:
Vergrößern Sie die Distanz, aus der Sie den Hund zu sich rufen. Kommt Ihr Hund etwas zögernd, unterstützen Sie ihn, indem Sie ein paar Schritte in die entgegengesetzte Richtung laufen und ihn loben, während er herankommt. Für manche Hunde ist es ein toller Anreiz, wenn Sie anschließend mit ihm spielen. Stoppen Sie Ihre Lobworte aber sogleich, wenn der Hund nicht mehr auf direktem Weg zu Ihnen ist und einen kleinen Abstecher einlegt.

3. Lernschritt:
Rufen ihn aus unterschiedlichen Situationen: Wenn er sich vor oder hinter Ihnen befindet, wenn seine Aufmerksamkeit auf Sie gerichtet ist oder bei leichter Ablenkung, wenn Sie alleine gehen oder in Begleitung. Er wird weiterhin sofort nach dem Herankommen belohnt.

3 | MIT- UND HERBEIKOMMEN

4. Lernschritt:
Sobald der Hund auf Signal hin zügig und begeistert zu Ihnen eilt, lernt er, solange bei Ihnen zu bleiben, bis Sie ihm das Auflösesignal geben. Dadurch können Sie ihn in Ruhe anleinen oder kurz bei sich behalten, bis Passanten vorbeigegangen sind. Wenn der Hund sich dabei neben oder vor Sie setzt, kann er gut Blickkontakt zu Ihnen aufnehmen, und die Gefahr, dass er plötzlich losrennt, ist geringer als beim Stehen. Natürlich kann der Vierbeiner auch bei Ihnen stehen blei-

Wenn Ihr Hund gelernt hat, sich auf Signal hinzusetzen, können Sie dies mit dem Herkommen kombinieren ...

ben, wenn er z.B. aus gesundheitlichen Gründen Schwierigkeiten beim Hinsetzen hat.

Wenn das Herkommen mit Vorsitzen in einem Guss gelingt, steigern Sie langsam die Zeitdauer, in welcher der Hund aufmerksam bei Ihnen verharren soll. Warten Sie dazu ein wenig ab, ehe Sie ihm die Belohnung geben. Anfangs reichen einige Sekunden, sonst verlieren besonders leicht ablenkbare Hunde schnell das Interesse und wenden sich anderen Dingen zu.

Sobald der Hund bei Ihnen angekommen ist, geben Sie ihm das Signal zum Sitzen und belohnen ihn sofort, wenn er sitzt. Beenden Sie die Übung mit dem Auflösesignal.

Trainingstipps für Alltagssituationen

I.

Im Alltag werden Sie Ihren Hund vermutlich in geeignetem Gelände ohne Leine laufen lassen, auch wenn das Training noch nicht abgeschlossen ist. Wie können Sie den Hund dann notfalls zum Herankommen bewegen? Verzichten Sie möglichst auf die sogenannten »Testrufe«, das kann gelingen, muss aber nicht.

Nützen Sie beispielsweise die Folgsamkeit anderer Hunde, wenn Sie zusammen mit einem anderen, bereits gut erzogenen Hund unterwegs sind. Bitten Sie den Besitzer des anderen Hundes, diesen zu sich zu rufen. Häufig folgt dann der eigene Hund nach.

Sie dürfen alle möglichen Geräusche und Gesten einsetzen, um den Hund auf sich aufmerksam zu machen. Viele Hunde sind (unbeabsichtigt) auf das Raschlen der Futtertüte oder das Klappern der Leckerlidose in der Manteltasche konditioniert. Sobald der Hund das Geräusch hört, wendet er sich in Erwartung einer Belohnung dem Besitzer zu.
Wenn Sie schnell weglaufen, animiert dies viele Hunde zum Nachfolgen. Allerdings muss der Hund diese Aktion auch bemerken. Warten Sie deshalb kurz ab, bis der Hund ansprechbar erscheint, rufen Sie beispielsweise seinen Namen, manchmal hilft auch ein unerwartet lautes Geräusch, um den Hund kurz zum Aufmerken zu bringen, und dann laufen Sie schnell von ihm weg.

Ruhiges Abwarten ist eine weitere Möglichkeit, allerdings nur dann, wenn es das Umfeld gefahrlos erlaubt. Wichtig ist, dass Sie auch wirklich ruhig warten, evtl. sich hinsetzen oder ein kleines Stück weggehen. Wenn Sie sich dabei vom Hund abwenden, ihm den Rücken zukehren, vielleicht in die Hocke gehen und den Erdboden interessiert untersuchen, veranlasst dies manchen Hund aus Neugier herbeizukommen.

Manchmal ist es erforderlich, den Hund abzuholen. Rennen Sie keinesfalls auf den Hund zu oder versuchen gar ihn einzufangen, dies wird ihn eher dazu veranlassen, wegzulaufen oder ein Spiel daraus zu machen. Gehen Sie sehr ruhig und kommentarlos zum Hund (auch wenn Sie innerlich angespannt sind), bewegen Sie sich ganz selbstverständlich in normalem Tempo und mit entspannter Körperhaltung möglichst von der Seite auf den Hund zu. Halten Sie ihn dann ruhig fest, ohne ihn zu bedrängen oder nach ihm zu grapschen.

II.

Training an der Schleppleine. Um ein sicheres Herankommen auch über größere Distanzen zu trainieren, empfiehlt sich für leicht ablenkbare oder schwer motivierbare Hunde der Einsatz einer Schleppleine. Diese kann jedoch nur auf Wiesen oder Flächen ohne größeren Bewuchs eingesetzt werden, ansonsten wird der Hund zu sehr gebremst und Sie sind ständig damit beschäftigt, Leine und Hindernisse auseinanderzuwickeln. Anfangs halten Sie die Schleppleine immer in der Hand. Wenn sich der Hund in Ihrer Nähe aufhält, wickeln Sie das überschüssige Ende der Leine in Schlaufen auf. Entfernt er sich wieder, lassen Sie genauso viel Leine ab, wie nötig, damit diese nicht gespannt ist.

Damit der Rückruf irgendwann auch ohne lange Leine klappt, darf die Leine nicht zum Signal für das Herankommen werden. Stoppen Sie den Hund deshalb nie mit der Leine, ansonsten kommt der Hund später nur dann, wenn er den Leinenzug verspürt. Zuerst kommt Ihr Signal. Sie geben dem Hund die Zeit und Möglichkeit, zu Ihnen zu kommen. Geschieht dies nicht, bleiben Sie stehen – durch die Leinenspannung wird der Hund am Weiterlaufen gehindert. Ziehen Sie ihn nun aber keinesfalls zu sich heran, besser ist es, wenn Sie ein paar Schritte rückwärts laufen und dem Hund damit die gewünschte Richtung anzeigen. Natürlich wird sich dadurch zwangsläufig die Leine spannen und der Hund etwas in Ihre Richtung gezogen. Die Leine wird aber sofort wieder locker, sobald der Hund einen Schritt auf Sie zu macht. Als zusätzlichen Anreiz können Sie dem Hund eine ganz besondere Belohnung zeigen, die er auch sogleich erhält, sobald er bei Ihnen angekommen ist.

Wenn Sie sich für das Training mit der langen Leine entschieden haben, sollte der Hund erst dann wieder ohne Leine laufen dürfen, wenn er über einen Zeitraum von mehreren Wochen zuverlässig auf Rückruf herangekommen ist, ohne dass eine Einwirkung durch die lange Leine nötig gewesen wäre. Variieren Sie in dieser Trainingszeit die Ablenkungen und die Gebiete, in denen Sie trainieren.

III.
Herkommen trotz Ablenkung. In welchen Alltagssituationen soll Ihr Hund später zuverlässig zurückkommen? Welche Ablenkungen sind dabei für ihn von Bedeutung?

Beispiel:
Eines Ihrer Ziele ist, den Hund herrufen zu können, wenn ein anderer Hund in Sicht kommt. Dies ist jedoch mit die größte Ablenkung für Ihren Hund. Vielleicht haben Sie als geringe Ablenkung auffliegende Vögel notiert oder die auf der Wiese liegenden Äpfel. Eine mittelschwere Ablenkung stellen für Ihren Hund die Geruchsspuren am Wegesrand dar, eine weitere ballspielende Kinder usw.

Beginnen Sie mit einer geringen Ablenkung. Üben Sie zunächst das Heranrufen auf der Apfelwiese, auch wenn Ihnen dies eher unnötig erscheint. Es zahlt sich aus, wenn Sie den Rückruf in einfachen Situationen festigen, Ihren Hund für gute Leistung loben können und dann mit der nächsten Schwierigkeit z.B. Geruchsspuren beginnen. Erst wenn der Hund bei all diesen Ablenkungen zuverlässig zurückkommt, wenden Sie sich Ihrem Hauptziel zu. Auch den großen Ablenkungsfaktor Artgenosse können Sie schrittweise in Angriff nehmen.
Wenn erforderlich, führen Sie Ihren Hund dabei an der Schleppleine und bitten für die ersten Übungsschritte einen Hundehalter mit wohlerzogenem Hund um Mithilfe.
Zu Beginn wählen Sie einen Ablenkungshund, der wenig Interesse erweckt und sich ruhig verhält. Der Abstand muss so groß sein, dass es dem Hund problemlos möglich ist, auf Ruf zu Ihnen zu kommen.
In den nächsten Übungsschritten kann derselbe Ablenkungshund sich mehr oder weniger lebhaft bewegen. Als nächstes üben Sie mit anderen Artgenossen und an unterschiedlichen Orten. Dazu könnten Sie – falls machbar – Gebiete aufsuchen, in denen die Hunde in der Regel angeleint geführt werden. Trainieren Sie in großem Abstand zu diesen Fremdhunden mit Ihrem Vierbeiner das Abrufen an der Schleppleine.
Zunehmend wird die Distanz zum ablenkenden Hund verringert. Der Abstand ist dann richtig gewählt, wenn der Hund den Artgenossen wahrnimmt, aber trotzdem zu Ihnen kommt.

IV.
Wenn der Hund bereits gelernt hat, zurückzukommen, schleicht sich im Alltag leider häufig eine gewisse Routine ein. Der Hund wird beispielsweise häufig nur gerufen, wenn Gefahr in Verzug ist, weil sich Passanten nähern, ein Artgenosse in Sicht kommt o.Ä. Dadurch wird das Abrufsignal jedoch rasch zum Alarmzeichen dafür, dass sich eine aufregende Situation anbahnt. Oder das Rückruf-Signal wird gegeben, um den Hund von einer für ihn spannenden Beschäftigung wegzurufen – Löcher buddeln, Abfall fressen usw. Der Abruf bedeutet für ihn dann bald das Ende von Freiheit.

Gestalten Sie daher weiterhin die Rückruf-Situationen unterschiedlich. Rufen Sie den Hund immer mal wieder in ganz normalen Spaziergeh-Situationen, auch wenn es keine Notwendigkeit dafür gibt. Variieren Sie das Vorgehen nach dem Heranrufen: Schicken Sie den Hund wieder in den Freilauf (Auflösesignal nicht vergessen), ein anderes Mal wird er angeleint oder Sie hängen noch eine kleine Übung an.

Ein weiterer Punkt:
Oftmals wird im Laufe der Zeit nicht mehr so viel Wert auf eine schnelle und korrekte Ausführung des Rückrufs geachtet – im Prinzip kommt der Hund ja zurück, vielleicht ein wenig bedächtiger oder erst auf den zweiten oder gar dritten Aufruf. Damit diese wichtige Übung nicht in Vergessenheit gerät: Rufen Sie den Vierbeiner aus unterschiedlichen Situationen zu sich und belohnen ihn für ein zügiges Herbeikommen – durchaus auch mit einem ganz besonderen Leckerbissen.

Leine oder Freilauf?

Es ist schön und wünschenswert, wenn sich der Hund ohne Leine frei bewegen darf. Auf diese Weise kann er am besten seine Bedürfnisse in Sachen Bewegung und Erkundung der Umwelt befriedigen, ein Spiel mit Artgenossen ist in der Regel ebenfalls nur unangeleint möglich. Leider ist das nicht zu jeder Zeit und an jedem Ort gestattet, außerdem gebietet die Rücksicht auf Mitmenschen, den Hund in bestimmten Situationen angeleint zu führen. Manche Vierbeiner müssen zudem aufgrund bestimmter Verhaltensweisen (Jagdverhalten, extreme Ängstlichkeit oder Aggression) dauerhaft oder während einer längeren Trainingsphase an der Leine bleiben.

Ein sicherer Rückruf ist eine gute Voraussetzung dafür, den Hund frei laufen zu lassen. Ableinen sollte jedoch nicht bedeuten, dass der Hund nun in der Ferne verschwindet, seinen eigenen Bedürfnissen nachgeht und Ihnen kaum mehr Beachtung schenkt. Vorbeugen können Sie durch Nachfolge-Übungen oder dadurch, dass Sie sich mit dem Hund nach dem Ableinen noch ein wenig beschäftigen. Lassen Sie ihn beispielsweise etwas suchen, sein Spielzeug apportieren oder einen kleinen Trick ausführen.

Befindet sich der Hund noch in der Lernphase, kann er in geeignetem Gebiet frei laufen. Bemerken Sie jedoch, dass seine Kreise immer größer werden, Sie das Bedürfnis haben, ihn immer öfters heranzurufen, oder das Gelände unübersichtlicher wird, ist es besser, ihn für die nächsten Minuten an die Leine zu nehmen.

Eine große Freifläche, der eingezäunte Garten oder ein Hundefreilaufgebiet zu wenig frequentierten Zeiten sind gute Möglichkeiten, auszuprobieren, wie sich Ihr Hund im Freilauf verhält und ob Sie ihn jederzeit wieder zurückrufen können. In einem solchen Areal können Sie entspannter agieren, auch mal kurz abwarten, ohne gleich befürchten zu müssen, dass etwas passiert. Für Hunde, die dauerhaft nicht von der Leine gelassen werden können, ist ein solches Gelände oftmals die einzige Möglichkeit, frei zu rennen.

Die situationsbedingte Verwendung der Leine ist kein Eingeständnis von Unvermögen.
Trotz sorgfältigen Trainings kann es in manchen Situationen mit dem Herankommen schwierig sein. Vielleicht ist der Hund beim abendlichen Spaziergang am Waldrand derart von Gerüchen und Geräuschen abgelenkt, dass er das Signal zum Herkommen nicht mehr wahrnimmt, für einen anderen ist der Artgenosse in weiter Ferne Grund für einen Spurt quer über den Acker. Natürlich können und sollen Sie weiter an diesem Problem arbeiten, dennoch ist es in dieser Situation sinnvoll und nervenschonend, den Hund mit einer Leine zu sichern und ihm damit so wenig wie möglich Spielraum für Fehler zu bieten.
Verlassen Sie sich selbst bei einem gut trainierten und folgsamen Hund nicht blindlings darauf, dass er auf ein gegebenes Signal immer wie gewünscht reagiert. Rufen Sie ihn deshalb vor unübersichtlichen Stellen oder bei zu erwartender großer Ablenkung frühzeitig heran und nehmen Sie ihn an die Leine.

Vermutlich wird es ab und an Spaziergänge geben, an denen Sie sich – aus welchen Gründen auch immer – nur unzureichend auf den Hund konzentrieren können. An solchen Tagen ist es legitim, den Hund überwiegend angeleint oder an langer Leine zu führen, einfach weil man von vornherein weiß, dass man ihn nicht in dem Maße beaufsichtigen bzw. eingreifen kann, wie es erforderlich wäre.

Angeleint zu sein, bedeutet nicht automatisch nur Einschränkungen für den Hund. Durch eine lange Leine ermöglichen Sie Ihrem Vierbeiner in geeignetem Gebiet einen begrenzten Freiraum.

Wenn die Beziehung zwischen Ihnen und Ihrem Hund stimmt und er Ihnen vertraut, kann ihm die Leine Sicherheit und Schutz in Situationen bieten, die er im Freilauf evtl. nicht gemeistert hätte.

Rufen Sie ihn zurück, ehe sein Interesse an den Umweltreizen zu groß wird und er nicht mehr widerstehen kann.

Vielleicht ist es ihm noch nicht möglich, souverän und entspannt an einer Baustelle oder dem entgegenkommenden Reiter vorbeizugehen. Auch hier macht es sicher Sinn, am Problem zu arbeiten, in der Zwischenzeit jedoch hilft die Leine, solche Situationen gefahrlos zu überstehen.

Kapitel 4

Ruhiges Warten

Nützlich, aber nicht selbstverständlich

Ist Ihnen schon einmal aufgefallen, dass Ihr Hund bei bestimmten Gelegenheiten problemlos warten kann, sich vielleicht sogar ganz entspannt hinlegt, und in anderen Situationen scheint es nicht zu gelingen? Ein Grund dafür kann das situationsbedingte Lernen sein. Beispiel: Einige Vierbeiner begleiten ihre Besitzer häufig zur Arbeit oder zu Besuchen und lernen, dort aufgrund klarer Regeln und Rituale, für einen bestimmten Zeitraum ruhig auf dem zugewiesenen Platz zu verweilen. Schicken Sie nun Ihren Hund bei einer anderen Gelegenheit auf eine zugewiesene Stelle oder erwarten, dass er beim Picknick ruhig neben Ihnen liegt, muss das nicht zwangsläufig genauso gut funktionieren. Hier herrschen andere Bedingungen, und Sie selbst sind vielleicht nicht so eindeutig und konsequent in Ihrem Verhalten, wie z. B. im Büro, wo die Konzentration der Arbeit gilt und der Hund sich einfügen muss. Oder denken Sie an immer wiederkehrende Abläufe, in denen der Hund kurz warten muss: z.B. an der Eingangstüre, damit die Pfoten gesäubert werden können oder ehe Sie die Haustüre zur vielbefahrenen Straße öffnen. Sie werden zur Selbstverständlichkeit, einfach, weil es wichtig ist.

Gerade weil es in manchen Situationen vorbildlich gelingt, wird oftmals vorausgesetzt, dass der Hund warten kann, oder man ist der Meinung, dass die im Training erlernten Kommandos wie SITZ, PLATZ o.Ä. auch in Alltagssituationen das gewünschte Verhalten auslösen. Warten unter verschiedensten Bedingungen muss der Hund jedoch ebenso erlernen, wie viele andere Aufgaben auch. Bei manchen Hunden braucht es nur wenig Hilfestellung, bei anderen wird dies eher zur Langzeit-Aufgabe. Es gelingt in der Regel nicht allein über Kommandos, sondern durch ein Gesamtpaket von unterschiedlichen Maßnahmen:

- *Sorgfältig aufgebaute Signale wie SITZ, PLATZ, PAUSE bilden eine gute Grundlage*

- *Die persönliche Toleranz des einzelnen Hundes muss berücksichtigt und Aufgabenstellung bzw. Übungsumfeld darauf abgestimmt werden.*

- *Ihr geduldiger, aber konsequenter Umgang mit dem Hund ist von großer Bedeutung. Geben Sie Ihre Anweisungen sehr gezielt, mit ruhiger Stimme und eindeutigen Bewegungen. An Tagen, an denen Sie nicht über die nötige Gelassenheit verfügen, sollten Sie besser nicht an Aufgaben arbeiten, in denen Sie sich über Ihren unruhigen Hund ärgern könnten.*

- *Damit der Hund die nötige Gelassenheit für diese Aufgaben entwickeln kann, sollte er zum einen angemessen und ausreichend beschäftigt werden, zum anderen braucht er genügend Zeit und auch die Möglichkeit, um ungestört schlafen und entspannen zu können.*

Jeder Hundehalter hat ein eigenes Empfinden dafür, wie viel Dynamik seines Hundes er tolerieren kann, wann ihm ruhiges Verhalten wichtig ist und auch, wie es dem Tier dabei geht. Spätestens dann sollten Sie gegensteuern, wenn sich durch das impulsive Verhalten des Hundes Beeinträchtigungen ergeben oder der Vierbeiner sich immer mehr in sein aufgeregtes Verhalten verstrickt und häufig auf Hochtouren läuft. Ein aufgeregter Hund ist nur schwer zu kontrollieren und steht erheblich unter Stress.

Grundübungen

Die Übungen Sitz und Platz sind zum einen ein üblicher Bestandteil der Hundeausbildung, viele weitere Aufgaben bauen darauf auf. Außerdem werden sie im Zusammenhang mit den Übungen zum Abwarten und Bleiben an einer zugewiesenen Stelle gebraucht.

Sitz

Lernziel: Hund setzt sich sofort hin, wenn er das Signal wahrnimmt und zwar an der Stelle, an der er sich gerade befindet. Er bleibt so lange in dieser Sitzposition, bis er ein weiteres Signal erhält.

Mögliche Signale: SITZ, Handzeichen »erhobener Zeigefinger«

Sobald der Hund sitzt, loben Sie ihn und geben ihm die Belohnung.

Übungsaufbau:

1. Lernschritt: >

Halten Sie ein Leckerchen auf Nasenhöhe Ihres Hundes. Lassen Sie ihn kurz daran schnuppern. Führen Sie das Leckerchen vor der Nase Ihres Hundes nach oben. Um das Leckerchen zu erreichen, wird er den Kopf Ihrer Hand entgegenstrecken und damit fast automatisch mit dem Hinterteil nach unten gehen.

Beenden Sie die Aufgabe mit dem Auflöse-Signal.

2. Lernschritt:

3. Lernschritt:
Setzt sich der Hund bereits zuverlässig auf das Handzeichen, geben Sie zusätzlich das verbale Signal und zwar genau in dem Moment, in dem sich der Hund setzt. Als Unterstützung verwenden Sie anschließend sofort das Handzeichen. Natürlich wird er auch dann wieder gelobt.

Sind Sie der Meinung, dass das Wortsignal bereits greift, machen Sie das Handzeichen nicht mehr unmittelbar danach, sondern warten einige Sekunden. Begreift der Hund nicht sofort, helfen Sie mit dem Handzeichen nochmals nach. Auf diese Weise können Sie ausprobieren, ob der Hund bereits zuverlässig auf das Wortsignal reagiert oder weiterhin die Unterstützung durch Handzeichen benötigt.

④
Zeigen Sie das Leckerchen nicht mehr, sondern halten Sie es in der geschlossenen Hand. Ihr Zeigefinger zeigt nach oben. Animieren Sie den Hund mit einer Aufwärtsbewegung der Leckerchenhand zum Hinsetzen. Die Handbewegung nach oben wird auf diese Weise automatisch zu einem optischen Signal für das Hinsetzen. Sobald er sich setzt, wird er gelobt und belohnt.

Platz – Leg dich

Lernziel: Der Hund legt sich auf Signal hin zügig hin und bleibt solange liegen, bis er ein weiteres Signal bekommt.

Im Hundesport oder für eine entsprechende Prüfung soll sich der Hund in einer ganz bestimmten Haltung hinlegen. Lassen Sie sich die geforderte Position zeigen und verwenden Sie dafür ein gesondertes Signal.

Mögliche Signale: PLATZ, LEG DICH. Optisches Zeichen: flache Hand wird nach unten geführt.

Übungsaufbau:
Für die meisten Hunde ist es am einfachsten, wenn die Platz-Übung aus der Sitzposition heraus begonnen wird. Der Untergrund sollte den Vierbeiner nicht allzu sehr zum Schnüffeln verleiten und ihm angenehm sein. Gehen Sie für die ersten Übungsschritte evtl. in die Hocke, damit Ihre Körperhaltung nicht bedrohlich wirkt.

1. Lernschritt:
Führen Sie ein Leckerchen vor der Nase Ihres Hundes abwärts zum Boden. Schieben Sie dabei Ihre Hand so nahe an seinen Brustkorb, dass er sich keinesfalls auf Sie zubewegen muss, um das Leckerchen zu erreichen. Er soll eher sein Gewicht nach hinten verlagern und sich an Ort und Stelle bücken, damit er weiterhin das Leckerchen direkt vor der Nase hat.

Der Hund wird versuchen, Ihrer Leckerli-Hand zu folgen und begibt sich dazu fast automatisch in die liegende Position. In diesem Moment sagen Sie in ruhigem Tonfall Ihr Lobwort und er bekommt das Leckerchen.

Der Hund soll sich durch Ihr Loben bestätigt fühlen, aber keinesfalls hochgepuscht werden.

Beenden Sie die Platzübung durch das Auflöse-Signal.

Was tun, wenn sich der Hund nicht hinlegt, obwohl Sie die Hand mit dem Futter vor ihm auf den Boden halten?

Warten Sie zunächst in Ruhe ab. Reden Sie nicht auf ihn ein, selbst dann nicht, wenn er versucht, durch Lecken oder Kratzen an das Futter zu gelangen (er darf es nur nicht bekommen). Er muss selbst herausfinden, dass er sich hinlegen soll, damit er zum Erfolg kommt.

Überprüfen Sie Ihre Handbewegung. Ist sie zu schnell, zu weit entfernt vom Hund, animiert sie ihn eher zum Hinterherschnüffeln?

2. Lernschritt:

In einem weiteren Übungsschritt bewegen Sie Ihre Hand nicht mehr übertrieben am Körper des Hundes entlang, sondern vor ihm auf den Boden. Legt sich der Hund wie gewünscht, erhält er die Belohnung.

Als Nächstes integrieren Sie Ihr verbales Signal, in dem Moment, in dem der Hund dabei ist, sich hinzulegen.

Was tun, wenn der Hund sofort wieder aufsteht, sobald er das Leckerchen gegessen hat?

Warten Sie mit der Futtergabe immer ein klein wenig länger. Der Hund bekommt das Futter nicht mehr direkt für das Hinlegen, sondern für das kurze Verweilen in der liegenden Position.

3. Lernschritt:

⑤

Richten Sie sich auf, während der Hund liegt. Bleibt er weiterhin in seiner Position, gehen Sie wieder in die Hocke und belohnen ihn. Versucht er aufzustehen, gehen Sie erneut in die Hocke und animieren ihn zum Hinlegen.

4. Lernschritt:

⑥

Geben Sie das Signal im Stehen, begleitet durch eine deutliche Handbewegung, ohne den Hund dabei zu bedrängen.

Wenn dies gut gelingt, üben Sie auf unterschiedlichen Untergründen und aus anderen Positionen (Hund steht, geht neben Ihnen usw.). Beachten Sie dabei das Lernumfeld. Für manche Hunde ist es ausgesprochen schwierig, sich in einer für ihn aufregenden oder gar beunruhigenden Situation hinzulegen.

Warten – einfach so

Der Hund soll entspannt bei Ihnen verweilen, ohne dass Sie ihm dazu ständig Anleitung geben müssen.

Mögliche Signale: Geben Sie so wenig wie möglich Anweisungen an den Hund, er soll ja nicht aktiv etwas tun, sondern eher die Erfahrung machen, dass jetzt eine ganze Weile nichts passiert und er pausieren kann. Dafür sind ein auf den Hund abgestimmtes, ruhiges Lernumfeld und Ihr Vorbildverhalten nötig. Und tatsächlich ist für manchen Vierbeiner der ruhig neben ihm verweilende Mensch bereits Signal genug.

Mögliche zusätzliche verbale Signale: LEG DICH, PAUSE

Wie schaut Warten derzeit bei Ihnen und Ihrem Hund aus?

Nehmen Sie doch mal auf den nächsten Spaziergang ein Buch mit. Setzen Sie sich an geeigneter Stelle auf eine Bank, halten den Hund an etwas längerer Leine und lesen einige Seiten. Eigentlich muss Ihr Hund nur ruhig neben Ihnen verweilen … Wenn dem so ist, prima!

Viele Hunde halten das jedoch kaum ein paar Minuten aus, weil sie es gewohnt sind, dass immer Aktivität stattfindet, spätestens, wenn sie diese einfordern. Ihr Hund wird also vermutlich versuchen, mit Ihnen Kontakt aufzunehmen, Ihre Aufmerksamkeit zu erlangen, in der Erde buddeln, am Abfalleimer schnüffeln, an der Leine zu einer interessanten Stelle hinziehen usw. Oder sich nur dann ruhig verhalten, wenn Sie sich um ihn kümmern, ihn beschwichtigend streicheln o. Ä.

In diesem Fall wäre zu überlegen, ob sich der Hund in anderen Situationen ähnlich verhält und wie Sie darauf reagieren. Wird er beachtet, gestreichelt, angesprochen, wenn er Aufmerksamkeit einfordert? Auch eine als Zurechtweisung gedachte Anweisung wie »hör endlich auf damit«, »bleib doch liegen«, ist für viele Hunde bereits Beachtung genug. Hunde, die gelernt haben, dass sie mit ihrem unruhigen Verhalten die Aufmerksamkeit des Besitzers erlangen oder ihre Bedürfnisse und Forderungen schnellstmöglich erfüllt werden, versuchen auch in einem für sie aufregenden Umfeld, ihren Interessen nachzugehen (einer Spur nachschnuppern, Kontakt mit Artgenossen aufnehmen, Passanten auf ihre Art und Weise begrüßen usw.). Wird nun von ihnen erwartet, eine bestimmte Situation auszuhalten, ohne dass sie sofort nach eigenen Vorstellungen agieren dürfen, ist dies für sie zunächst fast nicht möglich und sie haben Stress – einfach weil sie es nie gelernt haben.

Für manche Hunde ist es vollkommen neu, dass auch draußen ruhiges Verhalten angesagt ist. Viele Hundehalter (besonders mit mehreren Vierbeinern) leiten ihre Hunde dahingehend an, dass daheim Ruhe herrschen soll, draußen jedoch ist Aktion.

Schaffen Sie es selbst, ruhig und entspannt dazusitzen? Oder beobachten Sie ständig Ihren Vierbeiner und versuchen ihn zu korrigieren und anzuleiten, damit er sich wie gewünscht verhält?

Übungsaufbau

Beginnen Sie, wenn erforderlich, nochmals mit der Parkbank-Aufgabe unter optimalen Bedingungen: Einem Umfeld, in dem Ihrem Hund Ruhe leicht fällt, am besten gegen Ende eines Spaziergangs und mit einem müden und ausgeglichenen Hund. Auch Kleinigkeiten können zu Beginn des Trainings ausschlaggebend sein: Rasen, Erde usw. verleiten zum Graben, aufregende Gerüche verlocken zum Hinterherschnüffeln, ein zu großer Lärmpegel sorgt für Unruhe. Steinboden, geteerte Flächen dagegen sind eher langweilig.
Geben Sie so wenig Kommandos wie möglich, verhalten Sie sich selbst ruhig und gelassen, evtl. binden Sie den Hund neben sich an, damit Sie nicht in Versuchung geraten, an der Leine zu korrigieren.

Warten Sie, bis der Hund ruhig und entspannt neben Ihnen verweilt, auch wenn es einige Zeit dauern kann. Ob sich der Hund hinlegt, sitzt, kurz aufsteht und sich anders hinlegt o.Ä. ist eher zweitrangig. Die meisten Hunde warten im Liegen, weil dies für sie wohl die komfortabelste Position ist. Scheuchen Sie ihn dann aber nicht sogleich wieder auf, sondern lassen Sie ihn noch einige Zeit in dieser ruhigen Stimmung. Erst dann können Sie weitergehen. Sie dürfen den Hund gerne für das ruhige Verhalten loben, machen Sie aber keine große Aktion daraus.

Ruhiges Warten gelingt im täglichen Leben oft besser als in einer Übungssituation, weil das Augenmerk des Hundehalters auf andere Dinge gerichtet ist.

Wiederholen Sie diese Aufgabe immer mal wieder. Ist es für den Hund dann schon fast selbstverständlich, sich bei Ihnen hinzulegen, sagen Sie Ihr dafür vorgesehenes Signal PAUSE in ruhigem Ton, während er ruht. Im nächsten Lernschritt üben Sie in unterschiedlichen Umgebungen und bei Ablenkungen.

Soll der Hund längere Zeit verweilen, z. B. im Restaurant, während eines Picknicks oder am Rande einer Veranstaltung oder eines Trainings, können zusätzliche Hilfen sinnvoll sein. Ein guter Zeitpunkt ist nach einem Spaziergang, wenn der Hund bereits etwas müde und ausgetobt ist. Suchen Sie sich ein Plätzchen in einer Ecke mit etwas Liegefläche für den Hund und nicht gerade an einem Durchgang. Einigen Hunden hilft die vertraute Wohlfühldecke von daheim, manche fühlen sich sicherer und können besser entspannen, wenn sie sich nahe bei ihrem Menschen aufhalten dürfen, andere möchten möglichst nicht angesprochen und belästigt werden.

Entspannte Ruhepause auf der vertrauten Decke von zuhause.

Lernen mit Erregung umzugehen

In diesem Zusammenhang wird häufig der Begriff Impulskontrolle verwendet. Dies bedeutet, der Hund soll eine mehr oder weniger lange Zeit ruhig abwarten, auch wenn er aufgeregt ist oder gerade unbedingt etwas ganz anderes tun möchte.

Wenn man es genau nimmt, erfordert fast jede Anweisung an den Hund ein gewisses Maß an Impulskontrolle von ihm: Er soll das Umherrennen aufgrund unseres Rückrufs einstellen und herbeikommen. Er möchte schnüffeln, soll aber an lockerer Leine neben uns hergehen, sieht auf dem Feldweg nebenan seinen Hundefreund, darf aber keinen Kontakt aufnehmen usw. Was für uns so selbstverständlich klingt, ist für manchen Hund eine äußerst schwierige Aufgabe. Je nach Persönlichkeit und Entwicklungsphase scheint Selbstkontrolle nicht unendlich vorhanden zu sein, sondern muss erst nach und nach erlernt werden. Das erklärt, warum Hunde beispielsweise einige aufregende Situationen gut meistern und dann bei einer Kleinigkeit plötzlich unerwartet impulsiv oder angespannt reagieren.

Mögliche Signale: Der Hund bekommt ein Kommando, was er statt der impulsiven Handlung tun soll, meist ist es ein SITZ, PLATZ oder BLEIB.

Wenn Sie Ihrem Hund helfen möchten, mit seiner Erregung besser umzugehen, brauchen Sie nicht nur ein Kommando für die Alternativhandlung, sondern zudem ein gutes Gespür für die Empfindungen des Vierbeiners und die Überlegung, wann Erregungskontrolle wirklich nötig ist.

- *In welchen Bereichen fällt es Ihrem Hund schwer, seine Erregung zu kontrollieren?*
- *Gibt es mehrere oder strengt den Hund diese Aufgabe sehr an, ist es am besten, wenn Sie sich zunächst auf ein oder zwei Punkte beschränken, bei denen es besonders wichtig ist. Hat der Hund gelernt, sich zurückzunehmen, können Sie nach und nach weitere Punkte in Angriff nehmen.*

- *Lassen Sie sich Zeit: Leicht ablenkbare Hunde benötigen meist viele Wiederholungen und kleine Lernschritte.*

- *Überbrücken Sie andere »Baustellen«, die Sie noch zurückstellen müssen, durch geschicktes Vorgehen und Zwischenlösungen. Halten Sie beispielsweise größeren Abstand oder leinen Sie den Hund an, wenn dieser dazu neigt, mit einem Blitzstart die Nachbarin anzuspringen. Wählen Sie ganz bewusst aus, was Sie dem Hund gerade zumuten können (Tagesform!). Notfalls meiden Sie bestimmte Situationen oder Gebiete, in denen der Hund derzeit mit großer Wahrscheinlich zu impulsiven Handlungen neigen wird.*

- *Stellen Sie sicher, dass der Hund genügend Zeit und Möglichkeit zum Regenerieren bekommt, z.B. durch entspannte Spaziergänge, ungestörte Ruhezeiten, gemeinsame Kuschelrunden usw.*

- *Manchen Sie es Ihrem Hund nicht unnötig schwer, indem Sie (unbewusst, unbeabsichtigt) eine Erwartungshaltung fördern. Beispiel: Sie leinen den Hund immer an einer bestimmten Stelle des Spazierwegs ab und ermuntern ihn zum Rennen und Spielen. Oder er kann damit rechnen, dort seinen Hundekumpel zu treffen, den Sie evtl. sogar mit »Schau, wer kommt denn da!« ankündigen. Dann dürfen Sie sich nicht wundern, wenn er schon einige Meter davor aufregt an der Leine zieht oder nicht ruhig abwarten kann, bis Sie die Leine gelöst haben.*

Übungsbeispiele

Das klassische »Bleiben« – Grundlage dafür ist die Platzübung, alternativ SITZ

Lernziel: Der Hund verharrt in der von Ihnen angegebenen Position so lange, bis Sie ihm das Auflöse-Signal geben. Die Wartezeit wird immer länger ausgedehnt und die Ablenkung währenddessen etwas gesteigert. Für längere Wartezeiten ist für die meisten Hunde das Hinlegen günstiger. Sitz eignet sich, wenn Warten nur kurz dauert oder sich der Hund in liegender Position unwohl fühlen würde (z.B. viele Menschen sind um ihn herum).

Mögliches Signal: Zusätzlich zu SITZ bzw. PLATZ das Kommando BLEIB und Handzeichen »erhobene flache Hand«.

Übungsaufbau:

1. Lernschritt:
Geben Sie dem Hund das Signal zum Setzen oder Hinlegen. Er hat bereits gelernt, diese Position einzunehmen und sie erst auf Signal wieder zu verlassen.

Während er sich in der gewünschten Position befindet, verändern Sie Ihre Körperhaltung (Arme bewegen, sich bücken o. Ä.), aber übertreiben Sie nicht – weder mit den Bewegungen, noch mit der Zeitdauer, in der Ihr Hund liegenbleiben soll. Belohnen Sie den Hund zwischendurch immer wieder, während er liegt. Beenden Sie die Aufgabe mit dem Auflöse-Signal.

2. Lernschritt:
Im Prinzip ist das Handzeichen überflüssig, genauso wie das Signal BLEIB, welches Sie zunehmend dem Handzeichen voranstellen, denn der Hund sollte eine Aufgabe solange ausführen, bis Sie ihm das Auflöse-Signal geben. Handzeichen und Kommando sind Hilfsmittel, die es Mensch und Hund ein wenig leichter machen.

In weiteren Übungsschritten wiederholen Sie das Weggehen vom Hund und steigern dabei die Entfernung und Dauer des Wegbleibens in kleinen Schritten. Der Hund wird immer belohnt, während er liegt oder sitzt, nur so erreichen Sie ein zuverlässiges Bleiben. Steht der Hund auf, bringen Sie ihn ruhig wieder zurück auf seinen Platz.

Im zweiten Lernschritt geben Sie dem Hund das Handzeichen für Bleiben und entfernen sich rückwärts für 1 oder 2 Schritte; Sie können dabei das Handzeichen immer weiter beibehalten. Gehen Sie sofort zurück zum Hund und belohnen ihn.

Zunehmend können Sie die Aktivitäten verändern: Rennen Sie herum, spielen Sie Ball, legen Sie Futter aus und sammeln es wieder ein.

Sie dürfen kreativ sein, aber – es geht um den Hund. Er muss immer noch in der Lage sein, die ablenkenden Reize auszuhalten und darf sich dadurch niemals bedrängt oder gar bedroht fühlen.

Das Gespräch mit dem Nachbarn

Dies ist bereits eine recht anspruchsvolle Aufgabe, denn Sie müssen nicht nur Ihren Hund anleiten und im Blick haben, sondern auch mit dem vielleicht etwas ungünstigen Verhalten Ihres Gesprächspartners umgehen.

- *Halten Sie zunächst einen größeren Abstand und beschränken sich auf ein sehr kurzes Gespräch.*

- *Geben Sie eine Anweisung wie SITZ oder PLATZ nur dann, wenn Sie die Einhaltung auch wirklich überwachen. Ansonsten ist es sinnvoller, dem Hund kein Kommando zu geben, so kann er auch besser den Abstand einhalten, bei dem er sich selbst wohlfühlt.*

- *Wird der Hund unruhig, keinesfalls versuchen, ihn zu beschwichtigen. Brechen Sie die Aufgabe ab, gehen Sie ein paar Schritte, evtl. auch gemeinsam mit dem Gesprächspartner. Durch die Bewegung kann sich der Hund wieder etwas entspannen, und Sie starten ein paar Minuten/Meter später einen erneuten Versuch.*

- *Bemerken Sie, dass sich der Hund unbehaglich fühlt, weil Ihr Gesprächspartner zu aktiv und gestenreich kommuniziert, so muss er dies keinesfalls aushalten. Verändern Sie Ihren Standort, um mehr Abstand zu erlangen.*

- *Sie dürfen ohne schlechtes Gewissen ein Gespräch beenden mit dem Hinweis, dass Ihr Hund gerade in der Lernphase ist und im Moment erst für kurze Zeit stillhalten kann.*

Leine los

Viele Hundehalter achten darauf, dass sich ihr Hund ruhig verhält und hinsetzt, ehe sie ihn ableinen und er beispielsweise zu seinem Hundefreund rennen oder ins Wasser springen darf. Viele Hundehalter möchten, dass sich ihr Hund ruhig verhält und hinsetzt, ehe sie ihn ableinen und er beispielsweise zu seinem Hundefreund rennen oder ins Wasser springen darf. Häufig kann man allerdings beobachten, dass der Vierbeiner zwar in der geforderten Position verharrt, jedoch sehr angespannt ist und es kaum erwarten kann, loszuspringen. Wenn Sie hier mehr möchten, als sein Verhalten zu kontrollieren, muss geübt werden, dass der Hund nicht nur sitzt, sondern dabei auch zur Ruhe kommt.

Wählen Sie zu Beginn nicht gerade den Lieblings-Hundefreund oder eine besonders aufregende Örtlichkeit. Im Idealfall informieren Sie den anderen Hundehalter, dass es bei Ihnen etwas länger dauern kann. Gehen Sie mit Ihrem angeleinten Hund zunächst noch ein wenig auf und ab oder machen eine kleine Übung, bei der er sich auf Sie konzentrieren muss. Lassen Sie den Hund zwischendurch immer mal wieder absitzen (nicht nur kurz mit dem Hintern den Boden berühren, sondern fordern Sie ruhiges Sitzen). Es ist durchaus normal, wenn Sie anfangs mehrere Meter Abstand benötigen und sich der andere Hund auch recht ruhig verhalten muss, damit die Übung gelingt.

Reagiert Ihr Vierbeiner beim Zusammentreffen mit Artgenossen grundsätzlich sehr impulsiv, gilt es zunächst, den Grund dafür zu finden, damit Sie das weitere Training darauf abstimmen können (siehe auch Kapitel 7 – Begegnungen).

Es kann recht gefährlich sein, wenn der Hund ohne Erlaubnis ins Wasser rennt. Viele Gewässer sind alles andere als harmlos. Hat der Hund abzuwarten gelernt, bis Sie ihm die Freigabe zum Schwimmen erteilen, können Sie bei Bedarf zunächst in Ruhe die möglichen Gefahren eines Gewässers abschätzen.

Rechnen Sie damit, dass Ihr Hund bei Begegnungen mit Pferden, Ziegen, Schafen usw. aufgeregt reagiert. Der Anblick und das Verhalten dieser Tiere ist ungewohnt und animiert ihn möglicherweise zum Hinrennen. Gewöhnen Sie ihn schrittweise an die Situation, indem Sie in ausreichendem Abstand ruhig mit ihm warten oder an den Tieren vorbeigehen. Halten Sie den Hund sicherheitshalber immer an der Leine.

Fertig machen zum Spaziergang

Manche Vierbeiner sind recht aufgeregt, wenn Sie nur die Schuhe anziehen und die Leine vom Haken nehmen. Wenn es eilt, bleibt Ihnen zunächst nichts anderes übrig, als den Hund anzuleinen, ohne groß auf seine Aufregung einzugehen.

Damit der Aufbruch zum Spaziergang etwas ruhiger verläuft, können Sie zum einen über Kommandos seine Impulsivität ein wenig kontrollieren. Anfangs reicht es aus, wenn der Hund für kurze Zeit ruhig vor Ihnen steht und sich Geschirr oder Halsband anlegen lässt oder sich kurz hinsetzt, bis Sie die Schuhe angezogen haben. In weiteren Übungsschritten lernt er zunehmend, länger zu verweilen, bis Sie alles beieinander haben. Oftmals bleibt aber immer ein wenig Restaufregung in Erwartung des Spaziergangs.

Je nach Hund können Sie deshalb mit ihm auch »Warten einfach so« üben. Ziehen Sie beispielsweise die Jacke an, trödeln ein wenig herum, ohne den Hund weiter zu beachten. Erst wenn der Vierbeiner deutlich ruhiger ist, machen Sie den nächsten Schritt. Sie ziehen ihm ohne weitere Beachtung und Aufregung das Halsband an, trödeln wieder ein wenig usw. So kann er lernen, dass sich ruhiges Verhalten lohnt.

Weiter geht's beim Verlassen der Wohnung. Stürmt der Hund vor Ihnen durch die Türe? Auch hier können Sie ihn über ein Kommando absitzen und warten lassen oder durch Ihr Vorgehen dazu bringen, von selbst etwas ruhiger zu werden. Schließen Sie dazu ohne weitere Kommentare oder den Hund zu beachten, mehrmals die Türe direkt vor Ihrem drängelnden Hund. Natürlich ohne ihn dabei zu verletzen. Vermutlich schaut er Sie nach einigen Wiederholungen irritiert an, tritt ein wenig zur Seite oder setzt sich hin. Öffnen Sie die Türe wieder. Bleibt er auch dann noch deutlich ruhiger als bisher, kann er mit bzw. nach Ihnen die Wohnung verlassen.

Kapitel 5

»Nein. Aus. Lass das!«

Grenzen setzen

Hund und Mensch haben unterschiedliche Vorstellungen davon, was erlaubt oder verboten ist. Für Hunde ist es völlig normal, neue und spannende Reize zu erkunden, auch wenn dabei einiges zu Bruch geht oder Unordnung entsteht. Unrat zu fressen oder sich im Dunghaufen zu wälzen, ist aus Hundesicht absolut in Ordnung, genauso wie spontan quer über den Acker zum Artgenossen zu rennen. Für uns fällt das eher unter die Rubrik verboten – aus nachvollziehbaren Gründen: zu gefährlich, kostspielig, ekelig oder einfach nicht tolerierbar.

Gerade bei jungen oder neu in den Haushalt gekommenen Vierbeinern scheinen die Nein-Kommandos oftmals alles andere zu überwiegen. Aber nur, weil wir eine genaue Vorstellung von erlaubt und verboten haben, weiß es der Vierbeiner noch lange nicht. Selbst wenn ihm einmal etwas verboten wurde, kann er es nicht automatisch auf ähnliche Handlungen übertragen. Die in der Diele herumstehenden Hausschuhe haben für ihn nichts gemeinsam mit den Sandalen im Regal – woher soll er also wissen, dass alle nicht zum Umhertragen freigegeben sind. Im Garten die Blumenzwiebel auszugraben, ist für ihn eine völlig andere Beschäftigung, als vor der Waschmaschine liegende Socken einzusammeln, aber beides ist nicht erlaubt.

Eindeutig und nachvollziehbar

Möchten Sie dem Hund mitteilen, dass er etwas unterlassen soll, muss dies so geschehen, dass er es wahrnehmen und verstehen kann. Das klingt logisch, die Umsetzung jedoch muss manchmal erst geübt werden.

Lieb haben und Grenzen setzen sind kein Widerspruch!

Im Gegenteil, Sie machen es dem Hund unnötig schwer, wenn Sie ihn im Unklaren darüber lassen, was Sie wirklich meinen. Manchmal schätzen wir beispielsweise eine Aktion nicht besonders, aber es schaut ganz reizend und so bemüht und arbeitseifrig aus, wenn der junge Hund mit dem umgeworfenen Gummibaum kämpft und das sperrige Teil durch den Wintergarten zerrt, dass es schwerfällt, nicht zu lachen oder ihn zu korrigieren.

Wenn Sie nur nett sind, fast alles tolerieren, bedeutet das nicht automatisch, dass der Hund auch immer nett zu Ihnen ist und auf wundersame Weise das Unerwünschte unterlässt. Er ist sich dessen ja überhaupt nicht bewusst. Sie reagieren zwar irgendwie auf sein Tun, teilen ihm jedoch nie eindeutig mit, dass er es unter allen Umständen unterlassen soll.

Vielleicht fällt anfangs der Tadel teilweise recht milde aus, weil die Aktionen des Hundes zwar ein wenig lästig oder störend sind, aber nicht wirklich schlimm. Oder Sie reagieren erst verzögert, nachdem der Hund schon eine ganze Weile beim Betteln das Hosenbein vollgetropft hat. Wenn Sie »Nein« sagen, den Hund aber gleichzeitig aufgeregt wegschieben, erkennt dieser Ihr Nein nicht als eindeutiges Abbruchsignal. Mancher Hund interpretiert es als etwas missglücktes Spielverhalten oder nimmt es nicht erst, denn Sie diskutieren und beschäftigen sich ja weiterhin mit ihm.

Verhält sich der Hund deshalb nicht wie gewünscht, wird häufig nach und nach die Intensität der Missbilligung gesteigert. Der Hund lernt dabei jedoch nur, eine gewisse Ignoranz gegenüber den

5 | »NEIN. AUS. LASS DAS!«

Erlaubt, lustig ...

Missbilligungen zu entwickeln. Oder es verunsichert ihn, weil er spürt, dass Sie genervt und unzufrieden sind, weiß aber trotzdem nicht genau, was Sie von ihm wollen.

NEIN BEDEUTET NEIN!
Reagieren Sie eindeutig von Anfang an! Für den Hund ist es einfacher und auch fairer, wenn Sie ihm jedes Mal bei Beginn der unerwünschten Handlung auf die gleiche Art und Weise mitteilen: »Lass das!« Und ihm dann beim Richtigmachen helfen.

In Situationen, in denen das Hundeverhalten wirklich unerwünscht ist, zu Komplikationen führen oder gar gefährlich werden könnte, gelingt klares und konsequentes Grenzensetzen meist gut. Es ist dann auch (fast) egal, wenn uns ein schmachtender Hundeblick trifft – es muss eben sein.

Beispiel:
Sie möchten nicht, dass der Hund nachts im Kinderbett schläft. Hier werden Sie nicht lange zuwarten und mit »würdest du bitte« arbeiten, sondern den Vierbeiner jedes Mal mit klarer Geste vom Bett schicken, notfalls schließen Sie die Zimmertüre. Auf alle Fälle versteht der Hund schnell, was Sie möchten. Denn meist sind nicht nur der richtige Zeitpunkt oder die 100 % korrekte Vorgehensweise entscheidend, sondern auch, wie souverän und kompetent Sie sich dabei verhalten bzw. insgesamt im Alltag auf Ihren Hund wirken.

Unabhängig davon, für welche Strategie Sie sich in einer bestimmten Situation entscheiden, wichtig ist, dass Sie es Ihrem Hund glaubhaft vermitteln können und das Vorgehen individuell auf den Hund abgestimmt ist. Lassen Sie sich keine

Körperliches Eingreifen
kann bei ängstlichen oder unsicheren Hunden zu Verunsicherung führen und ihre Lernfähigkeit hemmen. Bei aggressiv reagierenden Tieren ist besondere Vorsicht geboten, schnell entstehen Konfrontationen, die unliebsam enden können. Lassen Sie sich das körperliche Eingreifen unbedingt von einem Fachmann zeigen, der erkennt, ob es für Ihren Hund eine gute Vorgehensweise ist.

Manchen Sie sich bewusst, dass ein solches Eingreifen meist nur für den Moment hilft und ein Verhalten abbricht. Es ist oftmals Ihre Stimme, die nachdrückliche Körperhaltung oder Bewegung, die den Hund kurz innehalten lässt. Manche Vierbeiner verknüpfen nach einiger Zeit, dass sie besser mit ihrem Tun aufhören sollten, wenn Sie auf diese Art und Weise agieren. Der Hund weiß in der Regel aber immer noch nicht, wie er sich besser verhalten sollte.

... oder doch verboten?

Maßnahmen aufdrängen, hinter denen Sie nicht stehen – Ihr Hund merkt das!

Für manches Team passt es, den Hund durch energisches Eingreifen zu korrigieren. Ihn mit einem deutlichen »Hey« davon abzuhalten, den Braten von der Küchenarbeitsfläche zu klauen, ihn auch mal körperlich zu begrenzen, indem Sie ihn vom Kothäufchen eines anderen Vierbeiners abdrängen oder ihn festhalten, sich ihm in den Weg stellen, wenn er im Begriff ist, sich auf den Besucher zu stürzen. Einen anderen Hund würden Sie damit zutiefst erschrecken, für ihn genügt bereits ein Räuspern. Es ist daher für ein anderes Team genauso machbar, behutsam und Schritt für Schritt vorzugehen. Zum Beispiel vorbeugend, die Arbeitsplatte in der Küche aufzuräumen, ihm beizubringen, keine Kackhäufchen aufzunehmen bzw. die Coolness zu haben, das zu ignorieren, und ihm eine Alternative zum Anspringen der Besucher beizubringen.

5 | »NEIN. AUS. LASS DAS!«

Vorbeugen – Ignorieren – Alternativen

Eine gute Strategie: Der Hund erhält keine Gelegenheit mehr, das unerwünschte Verhalten zu zeigen und eine für ihn nachvollziehbare Hilfestellung, damit er sich richtig verhalten kann.

Es ist für beide Seiten angenehmer und entspannt viele Situationen, wenn der Fokus nicht ständig darauf liegt, was der Hund nicht tun darf, sondern wenn das erwünschte Verhalten im Vordergrund steht, über das Sie sich freuen und für das Sie den Hund loben können. Manchmal scheint dann das unerwünschte Verhalten plötzlich nicht mehr so häufig aufzutreten – einfach weil es an Wichtigkeit verloren hat.

Wenn Sie eine Situation falsch eingeschätzt, nicht aufgepasst haben oder zu langsam waren, ist es oft sinnvoll, das Fehlverhalten zunächst zu ignorieren – Sie können eh nichts mehr machen. Anschließend gilt es jedoch, darüber nachzudenken, wie man in Zukunft diese Situationen vermeiden bzw. geschickter damit umgehen könnte.

Ehe Sie Ihrem jungen Hund ständig nein-rufend hinterherrennen, um ihm Schuhe, Plastikverpackungen o. Ä. wieder abzunehmen oder um ihn immer wieder von den Fransen der kostbaren Perserbrücke wegzuholen, ist es besser, diese Gegenstände zunächst wegzuräumen. Wenn Ihr Hund dazu neigt, auf der Wiese herumliegende, angefaulte Äpfel zu futtern, können Sie natürlich daran arbeiten, dass er nichts vom Boden aufnimmt, bzw. dies wieder ausspuckt, wenn Sie es ihm sagen. Manchmal ist es einfacher, diese Wiese in der Apfelzeit zu meiden, bzw. den Hund hier angeleint zu führen, damit er keine Gelegenheit mehr hat, in einem günstigen Moment doch wieder Äpfel aufzusammeln.

Manche unerwünschte Verhaltensweisen wie Bellen, Hochspringen o. Ä. passieren vermehrt, wenn der Hund aufgeregt oder überfordert ist. Bis der Hund gelernt hat, mit diesen Situationen umzugehen, ist vorausschauendes Handeln nötig, um die Aufregung möglichst gering zu halten.
Vielleicht sind Sie nun der Meinung, dass Sie nicht immer etwas wegräumen oder meiden können, dann lernt der Hund ja nie. Stimmt, aber manchmal ist es eine kluge und nervenschonende Entscheidung. Wenn Sie ständig etwas verbieten wollen oder müssen, wird dies zum stressigen Vollzeitjob und gelingt vielleicht doch nicht immer. Erfolgreicher ist es, die unerwünschten Aktionen nacheinander, aber hochkonzentriert in Angriff zu nehmen.

Ignorieren, d.h. absolutes Nichtbeachten des Hundes, während er sich unerwünscht verhält, ist dann sinnvoll, wenn es dem Hund mit seiner Aktion um Aufmerksamkeit geht. Er bellt Sie an, fordert aufdringlich Streicheleinheiten ein, belästigt Sie während des Essens usw. Selbst ein Schimpfen oder Wegschieben reicht ihm unter Umständen als

bleibt dieser aus, wird er vermutlich zunächst sein unerwünschtes Verhalten steigern, um sein Ziel zu erreichen.

Ignorieren ist allerdings nicht immer das geeignete Vorgehen:
Manche Verhaltensweisen können Sie nicht ignorieren, weil sie zu gefährlich für den Hund oder andere sind. Für einige Hundepersönlichkeiten ist es ausgesprochen schwierig, wenn sie alleine durch Ignorieren das unerwünschte Verhalten unterlassen sollen. Es belässt sie in ihrer Situation und zeigt ihnen keinen Ausweg daraus auf. Manche unerwünschte Verhaltensweisen sind selbstbelohnend (jagen, bellend den Postboten vertreiben – der sich dann ja auch jedes Mal zuverlässig wieder entfernt usw.). Wird der Hund in solchen Situation ignoriert, kann er ungestört seiner Tätigkeit weiter nachgehen.

Aufmerksamkeit aus. Beachten Sie ihn dagegen überhaupt nicht und behandeln ihn wie Luft, lohnt sich das Verhalten nicht mehr für ihn und er stellt es mit der Zeit ein.

Ignorieren bringt oftmals wieder ein wenig Ruhe in die Mensch-Hund-Beziehung. Sie lassen sich nicht nerven und zeigen Ihrem Vierbeiner durch souveränes Nichtbeachten, dass Sie gerade nichts mit ihm zu tun haben wollen.
Allerdings müssen Sie dabei wirklich ignorant und konsequent vorgehen: kein Blick, kein Ansprechen, keine Berührungen und das mehrere Minuten lang. Schauen Sie notfalls aus dem Fenster, lesen Sie Zeitung o.Ä. Werden Sie zwischendurch schwach, hat der Hund erreicht, was er möchte. Wenn ein Verhalten schon sehr lange gezeigt wird, müssen Sie es unter Umständen über einen längeren Zeitraum sehr standhaft ignorieren. Der Hund ist es gewohnt, mit seiner Aktion Erfolg zu haben,

Werden Sie von einem 40 kg Hund mit Aufmerksamkeit überschüttet, ist Nichtbeachten ein wenig schwierig.

5 | »NEIN. AUS. LASS DAS!«

Führen Sie diesen Übungsschritt 2–3 Mal direkt hintereinander durch. Der Hund darf jeweils einige Leckerchen mit NIMM von Ihrer Hand nehmen, dann folgt wieder ein Durchgang mit Abbruchsignal und Handschließen. Beenden Sie die Aufgabe, indem der Hund wieder einige Bröckchen mit NIMM erhält. Es geht nicht darum, dass der Hund nichts aus der Hand fressen darf. Das Ziel ist, der Hund hört auf das Abbruchsignal hin sofort damit auf, Leckerchen nehmen zu wollen und wendet sich im Idealfall Ihnen zu.

2. Lernschritt:

Legen Sie das Leckerchen vor sich auf den Boden, so dass es der Hund sehen kann. Zeigt er Interesse daran, folgt das Abbruchsignal. Zeitgleich decken Sie anfangs das Leckerchen ab, damit der Hund es keinesfalls nehmen kann. Haben Sie Geduld, bleiben Sie ruhig, bis sich der Hund vom Leckerchen ab- und Ihnen zuwendet. Dafür wird er mit Futter aus der Hand belohnt.

Wenn Ihr Hund verstanden hat, worauf es ankommt, brauchen Sie das Leckerchen nicht mehr abzudecken, sollten es jedoch jederzeit sichern können.

3. Lernschritt:
Hat der Hund das Prinzip verstanden, können Sie unterschiedliche Verleitungen verwenden: Verschiedene Lebensmittel, Spielzeug, Socken, notfalls auch ein wenig Unrat wie alte Wurst oder Brötchentüten, Papiertaschentücher o. Ä.
Trainieren Sie an unterschiedlichen Orten: In der Küche, im Garten, an der Parkbank usw.

4. Lernschritt:

Nun soll der Hund lernen, dass ein Abbruchsignal auch dann gilt, wenn er sich nicht mehr in Ihrer unmittelbaren Nähe befindet. Dazu könnten Sie ihn an eine längere Leine nehmen oder den Verleitungsgegenstand z.B. durch ein umgestülptes Küchensieb sichern. Der Hund darf das Ausgelegte keinesfalls erhalten.

⑥

Legen Sie Futter, Spielzeug o.Ä. aus und gehen mit dem Hund an längerer Leine darauf zu. Sagen Sie das Abbruchsignal, sobald der Hund Interesse am ausgelegten Gegenstand zeigt, jedoch ehe die Leine gespannt ist. Diese soll nur der Sicherung dienen und nicht zum Signal werden.

5 | »NEIN. AUS. LASS DAS!«

> 4. Lernschritt:

Wenn Sie die Lernschritte 1–3 gut aufgebaut haben, unterbricht der Hund auf das Signal hin sein Interesse am Gegenstand

Reagiert der Hund nicht wie gewünscht, warten Sie ruhig ab, ohne weitere Signale zu geben. Die Leine bzw. das Sieb verhindern, dass der Hund Erfolg hat.

Wendet sich der Hund vom Unerlaubten ab und Ihnen zu, wird er gelobt und bekommt sofort eine besonders tolle Belohnung.

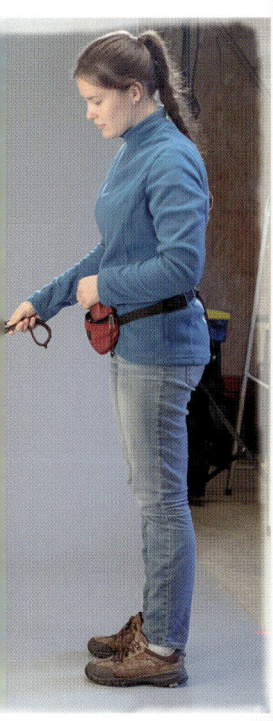

hat fast jeder Hund schon erfolgreich gebettelt oder bei der Küchenarbeit das eine oder andere Häppchen zugesteckt bekommen. Ob Sie sein Interesse an Ihrem Essen und den Lebensmitteln tolerieren oder einen Riegel vorschieben sollten, hängt nicht nur davon ab, ob es lästig oder unhygienisch ist, sondern auch, ob sich daraus unliebsame Situationen entwickeln können.

Für Sie ist es vielleicht kein Problem, bereits Gewohnheit oder Sie können gut damit umgehen, dass sich der Vierbeiner sehr für Ihre Mahlzeit interessiert.

Anwendungsbeispiele

Die folgenden Beispiele stehen stellvertretend für viele »Neins«. Sie zeigen, dass es zum einen zwar Bausteine für ein mögliches Vorgehen gibt, aber keine Patentrezepte und es zum anderen auch immer eine individuelle Entscheidung sein wird, ob und in welcher Form Sie agieren.

In vielen Fällen ist es nötig, die Ursache für das unerwünschte Verhalten herauszufinden, um passend reagieren zu können. Hat der Hund noch nicht verstanden, was von ihm erwartet wird, ist er überfordert, gestresst? Reagiert der Hund auf Ihre Unsicherheit, unklare Kommunikation, Hektik oder Ungeduld?

Betteln, Interesse an Lebensmitteln

Betteln ist ein typisches Beispiel für unerwünschtes Verhalten, welches nur teilweise als störend empfunden und deshalb mit wechselnder Konsequenz beantwortet wird. Wenn wir ehrlich sind,

Wollen Sie Betteln unterbinden, bekommt der Hund als erste Maßnahme von nun an nichts mehr, während Sie essen – auch nicht in Ausnahmefällen. Versucht er zu betteln, wird er konsequent nicht beachtet. Ist Ihr Vierbeiner jedoch recht groß und legt ständig seine dicke Sabberschnauze auf die Tischkante oder ist er so sportlich, dass er mit einem leichten Hupfer auf Ihren Schoß springt, ist es

5 | »NEIN. AUS. LASS DAS!«

Für Ihre Gäste ist es wahrscheinlich nicht so angenehm, wenn der Hund nachschaut, was es zu essen gibt.

mit Ignorieren nicht getan. Anstatt schmachtend dicht neben Ihnen zu sitzen, soll der Hund sich mit etwas Abstand hinlegen oder sich auf seinen Liegeplatz zurückziehen. Damit das gelingt, müssen diese Alternativen natürlich zuvor mit ihm geübt werden. Es spricht auch nichts dagegen, den Hund notfalls in einen anderen, ihm vertrauten Raum zu bringen, um in Ruhe z. B. mit Besuch essen zu können. Dadurch kann er zwar kein besseres Verhalten lernen, aber sein unerwünschtes auch nicht weiter perfektionieren.

Zeigt der Hund große Aufmerksamkeit an herumstehenden Lebensmitteln, ist ein erster Schritt, den Esstisch und die Küchenarbeitsfläche aufzuräumen, es fallen auch keine Häppchen mehr für ihn ab, wenn Sie dort hantieren. Gilt das Interesse überwiegend Ihnen und den Küchenarbeiten, könnten Sie es konsequent ignorieren. Stehen die Lebensmittel im Fokus, d.h. der Hund holt sich ab und an etwas herunter, ist Ignorieren ungeeignet. Die oft empfohlene Maßnahme, die Tat bestraft sich selbst, kann erfolgreich sein. Fällt ihm beispielsweise beim Klauen der Wurst ein darüber arrangierter Topfdeckel auf die Nase, ist es gut möglich, dass er in Zukunft solche Aktionen unterlässt. War jedoch das angenehme Gefühl durch das Verspeisen der leckeren Wurst größer als die negative Erfahrung, wird der Hund die unangenehme Nebenwirkung in Kauf nehmen und es wieder probieren. Eine weitere Lösungsmöglichkeit ist daher ein Abbruchsignal mit Alternativvorschlag. Handeln Sie dabei vorausschauend: Bereits wenn der Hund in Richtung Wurst »denkt«, z. B. anvisiert, erschnuppert usw., geben Sie das Abbruchsignal und schicken ihn weg. Je früher Sie eingreifen und ihm eine Alternative vorgeben, umso besser.

Hund beißt in Arme, Kleidung oder Leine

beispielsweise beim Spazierengehen, in Trainingsstunden oder während des gemeinsamen Spielens. Bei jungen Hunden passiert es auch ganz unvermittelt, dass sie daheim oder draußen anfangen, hochzuspringen und in Hosenbeine und Jackenärmel zu zwicken.

Bei diesem Verhalten ist es nicht mit Symptom-Bekämpfung getan, besser ist es, die Gründe dafür herauszufinden, damit Sie bereits vorbeugend handeln können. Bei vielen Hunden ist es ein Zeichen ihrer inneren Anspannung, Unsicherheit oder zu viel Aufregung. Beispielsweise durch eine Situation, in der der Hund sich nicht wohlfühlt, ein zu lebhaftes bzw. unpassendes Spiel (Zerrspiele, Kämpfe um Spielzeug) oder das Verhalten der beteiligten Menschen (aufgeregte Gestik, flatternde Kleidung, unruhige Leinenführung, überschwängliches Loben oder Auf-ihn-Einreden).

Evtl. hat der Hund bereits gelernt, durch solche Aktion Aufmerksamkeit einzufordern, selbst Missbilligung und negative Einwirkungen können für den Hund ein Zeichen der Aufmerksamkeit sein.

Mögliche Strategien, wenn der Hund dieses Verhalten beim Spielen daheim zeigt oder unvermittelt »aufdreht«:
Weil die Ursache häufig in aufgeregtem Verhalten liegt, sollten die Aufregungsfaktoren von Hund und Mensch möglichst gering gehalten werden. Das bedeutet nur kurze und ruhig verlaufende Spielsequenzen oder überwiegend entspannte Streichelkontakte. Zudem ist es wichtig, den Hund immer dann auf ruhige Art und Weise zu loben, wenn er angemessen mit Ihnen spielt oder sich ruhig streicheln lässt. Zeigt der Hund häufig ein solches Verhalten, achten Sie vermehrt auf einen ruhigen Umgang mit ihm, klare Signale und ausreichend Ruhepausen.

- *Sobald Sie das unerwünschte Verhalten wahrnehmen, warten Sie bitte nicht, bis der Hund sich heftig in seine Aufregung hineingesteigert hat. Beenden Sie ein Spiel oder die gemeinsame Aktivität unverzüglich, wenden Sie sich souverän vom Hund ab.*

- *Bleiben Sie ruhig, je mehr Sie auf ihn einreden oder ihn wegstoßen, umso mehr wird er sich aufregen. Bei einigen Hundepersönlichkeiten reicht »Nicht-Beachten« aus. Andere steigern ihre Bemühungen, vor allem, wenn sie bisher mit diesem Vorgehen Erfolg hatten.*

- *Einem sehr jungen Hund können Sie eine Alternative bieten, z.B. sein Spielzeug zeigen und ihn ganz kurz dazu animieren, sich selbstständig damit zu beschäftigen.*

- *Reicht dies nicht aus und der Hund hängt weiterhin an Ihrer Kleidung, bringen Sie ihn für kurze Zeit aus dem Raum (oder verlassen selbst das Zimmer) und schließen die Türe. Handeln Sie dabei ruhig und bestimmt, damit sich der Hund nicht noch mehr in seine Aufregung hineinsteigert. Es genügen hier nur wenige Minuten »Auszeit«, dann darf er wieder mit dazukommen. Fängt er erneut an, wird er wieder kurz aus dem Raum gebracht. Ein erwachsener Hund kann zur Unterbrechung des unerwünschten Verhaltens auch auf seine Decke geschickt werden, sofern er bereits gelernt hat, dort zu verweilen.*

- *Manchen jungen Hunden tut es gut, wenn sie ihre Anspannung durch ein kurzes Rennspiel oder einen geeigneten Kauartikel abreagieren können.*

5 | »NEIN. AUS. LASS DAS!«

Mögliche Strategien, wenn der Hund auf dem Spaziergang in die Leine oder Kleidung beißt: Versuchen Sie zu erkennen, was die Aufregung auslöst. Tritt das Verhalten häufig in Trainingssituationen auf, kann als Ursache ein zu aufregendes Umfeld oder Überforderung in Frage kommen. Das muss sich nicht direkt auf die Aufgabenstellung beziehen, sondern der Hund kommt nicht damit klar, dass »plötzlich« über einen bestimmten Zeitraum von ihm verlangt wird, sich zu konzentrieren und Anweisungen zu befolgen. Dies ist er evtl. noch nicht gewohnt oder es wird sonst kaum von ihm erwartet.

Loben Sie den Hund mit ruhiger Stimme, wenn er entspannt neben Ihnen geht. Vermeiden Sie überschwängliche Gesten oder zu aufregende Belohnungen.

Warten Sie nicht ab, bis sich der Hund in die Aufregung hineinsteigert. Reagieren Sie mit ruhigen Bewegungen und eindeutigem Abbruch-Signal, ohne grob zu werden.

- *Ignorieren:* Gut geeignet für junge Hunde und wenn das Verhalten nicht sehr intensiv ist. Lassen Sie sich nicht auf ein Leinenzerren ein, halten Sie die Leine ruhig, beachten Sie den Hund nicht. Viele Hunde beenden daraufhin ihr unerwünschtes Tun, setzen sich hin oder zeigen Gesten wie Gähnen oder Kratzen. Loben Sie ihn in ruhigem Ton für sein gutes Verhalten. Warten Sie dann kurz und setzen Ihren Weg mit möglichst wenig Dynamik fort. Also kein Leinengeruckel, keine baumelnden Leinen vor dem Hundekopf oder flatternde Jackenenden.

- *Mit Signal beenden:* Gut geeignet, wenn der Hund z. B. die Aufgaben SITZ oder PLATZ bereits gelernt hat und gerne ausführt oder das sicher aufgebaute Abbruchsignal, welchem dann sofort eine weitere Anweisung folgt. Funktioniert allerdings häufig nicht, wenn der Hund das unerwünschte Verhalten schon sehr lange oder intensiv betreibt. Es besteht dann die Gefahr, dass der Hund lernt, Ihre Signale nicht zu beachten.

- *Eine Art »Break«,* in dem Sie das Verhalten kurz unterbrechen durch ein ungewöhnliches Geräusch, Tasche auf den Boden werfen o. Ä.. Das kurze Innehalten des Hundes nutzen Sie für eine ruhige Anweisung. Wichtig ist, dass der Hund dadurch nicht noch mehr hochgepuscht wird.

- *Wenn es Ihnen kräftemäßig oder mental nicht möglich ist,* den aufgeregt hochspringenden, in die Leine/Jacke beißenden Hund zu ignorieren, hilft oftmals eine kurze Trennung, um damit die Aktion zu unterbrechen.
a.
Leine fallen lassen, wenn es das Gelände zulässt, abwenden und kommentarlos weitergehen. Läuft der Hund daraufhin ruhig mit, loben. Die Leine nehmen Sie jedoch erst nach einigen Schritten wieder auf. Beginnt er von Neuem, wieder Leine fallen lassen. Manche Hunde nehmen in einer solchen Situation ihre Leine auf, schütteln sie, versuchen zu zerren. Ignorieren Sie dieses Verhalten, indem Sie weitergehen.
b.
Eine andere Möglichkeit: Der Hund wird an einer geeigneten Stelle (Baum, Zaun o. Ä.) angebunden (darauf achten, dass er sich nicht verletzen kann, Leinenlänge!) oder ins Auto gebracht. Sie selbst gehen einige Meter weg und beachten den Hund nicht mehr. Diese Aktion muss zügig und kommentarlos geschehen. Der Hund wird erst wieder abgeholt, wenn er sich ruhig verhält. Manchmal geht es nach der Abholung nur wenige Minuten gut, dann muss der Hund wieder ruhig zurückgebracht werden.

Eine kurze Auszeit

löst ein Problem nicht grundsätzlich. Sie gibt Hund und Mensch die Möglichkeit zum Innehalten, entschärft die Situation und bewahrt beide vor weiteren impulsiven oder unüberlegten Handlungen und Fehlern.

Notfall-Signale

Spielen Sie durch, zumindest in Gedanken, wie Sie reagieren könnten, wenn Ihr Hund sich oder andere in Not bringt (am vermutlich verdorbenen Kadaver fressen, einer Katze hinterherjagen, auf vielbefahrene Straße zurennen o. Ä.). Handeln Sie in einer Notsituation ruhig und überlegt. Nehmen Sie so weit als möglich den Alarmton aus Ihrer Stimme. Geben Sie dem Hund klare, verständliche Anweisungen und zwar unverzüglich, wenn der Hund die gefährliche Handlung beginnt. Entscheiden Sie sich rasch für ein Vorgehen, das in dieser Situation erfolgreich erscheint. Reicht das gut trainierte Rückruf-Signal? Kommt er Ihnen nach, wenn Sie in die entgegengesetzte Richtung rennen oder greift das Superwort? Reagiert der Hund nicht darauf, schieben Sie in diesem Fall sofort eine zweite Variante hinterher.

Superwort

Durch ein solches Signal können Sie die Aufmerksamkeit des Hundes schnellstmöglich auf sich lenken. Das Superwort wird zum Versprechen für eine ganz besondere Belohnung. Der Hund lernt, sich in Erwartung dieser Belohnung (Futter oder Spielzeug) Ihnen zuzuwenden. Damit unterbricht er automatisch (zumindest kurzzeitig) sein unerwünschtes Tun und Sie haben die Möglichkeit, ihm weitere Anweisungen zu geben.

Es ist gedacht für besonders schwierige, ablenkende oder aufregende Situationen. Damit es hier sicher funktioniert, muss es sehr sorgsam aufgebaut werden und darf später nicht inflationär »verbraucht« werden, sonst ist es kein Notfallsignal mehr.

Mögliche Signale: Verbales Signal, welches sich deutlich von anderen Signalen unterscheidet, am besten eine Art Juhu- oder Heyo-Heyo-Ruf oder auch ein Ruf in einer Fremdsprache. Sie sollten das Wort allerdings leicht und ohne groß nachzudenken, aussprechen können.

Für Hunde, die gerne mit Gegenständen spielen, kann anstatt der besonderen Belohnungsleckerlis ein Spielzeug verwendet werden, welches es nur für diese Situationen gibt. Dann dürfen Sie auch »Quietschie« oder »Frosch« rufen.

VORÜBUNG:
Wenn Sie ein Spielzeug als Superbelohnung verwenden möchten, muss dieses wirklich etwas ganz Besonderes sein für den Hund. In ein paar vorausgehenden Spielsequenzen können Sie sein Interesse daran stärken. Wähen Sie einen Gegenstand aus, den der Hund besonders gerne hat, und spielen Sie immer nur kurz mit ihm. Beenden Sie das Spiel zu einem Zeitpunkt, an dem der Hund noch sehr gerne weiterspielen würde. Nehmen Sie das Spielzeug an sich und legen es weg. Erst wenn der Hund auf diese Weise viel Begeisterung für das Spielzeug zeigt und es als tolle Belohnung ansieht, kann es im Zusammenhang mit dem Superwort angewandt werden.

Das besondere am Notfall-Signal ist:

Es wird beim Üben nicht im Zusammenhang mit dem unerwünschten Verhalten eingesetzt. Der Hund lernt, HEYO bedeutet: Wende dich sofort ab in Richtung deines Menschen, es lohnt sich 100%ig.
Erst wenn diese Verknüpfung sicher etabliert ist und der Hund sich bei Ertönen des Signals voller Begeisterung Ihnen zuwendet, kann das Notfall-Signal später zum Unterbrechen des unerwünschten Verhaltens eingesetzt werden.

ÜBUNGSAUFBAU:

1. Lernschritt:
Ablenkungsarme Umgebung, der Hund befindet sich nahe bei Ihnen. Rufen Sie Ihr Signalwort, geben Sie dem Hund sofort danach eine tolle Futterbelohnung, die es sonst nie gibt, oder spielen Sie mit ihm gemeinsam mit dem Superspielzeug. Wenn nichts dagegen spricht, können Sie (bei den ersten Übungen) das Futter auch direkt vor sich auf den Boden werfen.
Wiederholen Sie diese Übung innerhalb der nächsten Tage mehrmals, wenn sich der Hund in Ihrer unmittelbaren Nähe befindet und nicht abgelenkt ist.

2. Lernschritt:
Hat der Hund verknüpft, dass das Signal die Ankündigung einer Superbelohnung bedeutet, reicht es aus, die Aufgabe ca. jeden 2. oder 3. Tag zu erarbeiten. Trainieren Sie dabei unter langsam ansteigenden Ablenkungen, in anderen Umgebungen, auf dem Spaziergang usw. Immer häufiger können Sie das Superwort auch dann sagen, wenn sich der Hund etwas weiter von Ihnen entfernt hat. Zögert der Hund und reagiert nicht wie gewünscht, gehen Sie lieber nochmal einen Übungsschritt zurück.

Das Signal soll eine große Vorfreude auf die Belohnung auslösen und den Hund dazu veranlassen, sich so schnell als möglich, Ihnen zuzuwenden und damit im Notfall automatisch weg vom Unerwünschten.

Der Hund wird für jedes Beachten des Signals überschwänglich belohnt. Dieser Hund ist begeistert von seinem Spielzeug und dem gemeinsamen Spiel.

3. Lernschritt:

Reagiert der Hund zuverlässig auf das Superwort, wird dieses nur noch sehr wenig eingesetzt. Zum einen in den (hoffentlich seltenen) Notsituationen und zum anderen zu Trainingszwecken unter unterschiedlichen Bedingungen, damit die erlernte Verknüpfung und die Begeisterung an der Belohnung erhalten bleiben.

Wegrennen, umkehren

Lernziel: Auf Signal hin lernt der Hund ein schnelles Umkehren

Mögliche Signale: Name des Hundes und KEHRT, WENDEN. Ein befreundeter Hundehalter ruft in diesem Fall: »Gib alles«! Für mich klingt das zwar ein wenig umständlich, zeigt aber sehr schön, dass der Fokus nicht auf dem Fehlverhalten des Hundes liegt, sondern darauf, dass die beiden nun gemeinsam wegrennen und der Hund angefeuert wird, sein Bestes zu geben, für das er dann überschwänglich gelobt wird.

Haben Sie mit Ihrem Hund bereits das Nachfolgen geübt, können Sie diese Übung darauf aufbauen.

1. Lernschritt:
Gehen Sie mit Ihrem Hund über die Wiese. Befindet er sich einige Schritte vor Ihnen, sagen Sie seinen Namen und warten kurz ab, bis er sich Ihnen zuwendet. In diesem Augenblick rufen Sie das Umkehr-Signal und rennen in die entgegengesetzte Richtung. Läuft der Hund sofort mit, wird er selbstverständlich belohnt.

2. Lernschritt:
Üben Sie unter wechselnden Ablenkungen: Ehe der Hund beim Komposthaufen angekommen ist oder eine ballspielende Person erreicht hat. Rennen Sie zu Beginn immer gemeinsam mit dem Hund, später können Sie nur noch einige Schritte antäuschen und den Hund zu sich rennen lassen.

Wenn Sie den Hund an der Leine führen müssen, sollte diese lang genug sein, damit ein ausreichender Spielraum gewährleistet ist. Geben Sie Ihr Umkehr-Signal immer nur dann, wenn die Leine locker ist, sonst wird der Leinenzug zum Signal.

»Lass fallen«

Dieses Vorgehen eignet sich für Hunde, die über Futter oder Beute angespannt und aggressiv reagieren, oder wenn der Vierbeiner etwas Aufgenommenes rasch wieder ausspucken soll. Beim Erlernen steht zunächst nicht das Hergeben im Vordergrund, sondern der Hund bekommt etwas und lässt deshalb den Gegenstand fallen.

Mögliche Signale: PFUI, LASS FALLEN

ÜBUNGSAUFBAU

1. Lernschritt:
Hier ist noch keine Beute im Spiel, der Hund lernt, dass er auf das Signalwort hin eine tolle Futterbelohnung bekommt. Daher ist es wichtig, dass das verwendete Signal bisher noch nicht für Abgabe-Versuche verwendet wurde.

Der Hund befindet sich in Ihrer unmittelbaren Nähe, Sie sagen das Signalwort und werfen gleichzeitig ein Futterbröckchen auf den Boden, das der Hund fressen darf. Nach mehreren Wiederholungen hat der Hund gelernt, dass diesem bestimmten Signal immer ein tolles Futter folgt.

2. Lernschritt wie 1.:
Variieren Sie jedoch zunehmend die Umgebungsbedingungen – in verschiedenen Räumen, draußen, während der Hund direkt neben Ihnen ist oder ein wenig entfernt von Ihnen steht.

3. Lernschritt:
Erst jetzt verwenden Sie das Signal, wenn der Hund etwas für ihn eher Unwichtiges im Fang hat.

Üben Sie das Fallen-lass-Signal mit unterschiedlichen Gegenständen, steigern Sie aber die Wichtigkeit/Wertigkeit nur sehr langsam, bis Sie bei Gegenständen angekommen sind, die für Ihren Hund eine große Bedeutung haben und die er gerne für sich behalten würde.

Der Hund hat den Gegenstand im Fang, Signalwort sagen und Futter werfen.

Der Hund wendet sich auf Signal hin dem Futter zu und lässt dabei den Gegenstand fallen. Gelingt es noch nicht, ignorieren Sie Hund und »Beute«. Festigen Sie das Signalwort nochmals in einigen Übungseinheiten ohne Beute und verwenden dann einen noch unwichtigeren Gegenstand.

③

Mit weiteren Leckerchen aus der Hand kann der Hund vom Gegenstand weggelockt werden. Dies ist z.B. erforderlich, wenn er sich ansonsten gleich wieder der Beute zuwenden würde. Besonders bei aggressiv reagierenden Hunden ist es wichtig, dass sie sich zunächst von der Beute entfernen. Diese kann erst mal liegen bleiben oder später aufgenommen werden.

Kein Streit um die Beute

Rennen Sie keinesfalls dem Hund hinterher! Riskieren Sie keine Auseinandersetzung um die Beute – er ist schneller und hat im Zweifelsfall die »schärferen« Argumente.

Solange Ihr Hund das Ausgeben noch nicht gelernt hat oder es mit einer besonders tollen Beute einfach nicht funktioniert, können folgende Maßnahmen erfolgreich sein:
Tauschen gegen ein ganz besonders tolles Austauschobjekt wie oben beschrieben. Rascheln Sie notfalls mit der Leckerli-Tüte, um den Hund darauf aufmerksam zu machen. Daheim können Sie auch zum Schrank gehen, in welchem die Hundeleckerlis aufbewahrt sind, oder die Kühlschranktüre öffnen.

Wenden Sie sich ab oder gehen Sie einige Meter weiter. Sind Sie draußen unterwegs, können Sie sich auf den Boden hocken und beispielsweise die Erde, einen Grashalm untersuchen, evtl. sogar interessierte Laute von sich geben. Wichtig ist, dass Sie den Hund dabei höchstens aus dem Augenwinkel beobachten. Zeigen Sie ihm keinesfalls, dass Sie Interesse an ihm und seiner Beute haben. Nähert sich der Vierbeiner daraufhin, greifen Sie nicht gleich nach der Beute, sondern bieten Sie ihm wie selbstverständlich ein Tauschleckerlis an oder werfen Futter, notfalls auch einen Tannenzapfen o. Ä. ein kleines Stückchen weg vom Hund.

Aushalten, nicht bemerken, dass der Hund etwas trägt. Natürlich geht das nur, wenn der aufgenommene Gegenstand ungefährlich ist. Dinge aufnehmen und damit herumrennen ist manchmal auch aufmerksamkeitsforderndes Verhalten, vor allem für Hunde, die gelernt haben, dass sich dann ihre Menschen sehr um sie bemühen.

Kapitel 6

Der Alltag

Daheim

Die meiste gemeinsame Zeit verbringen Sie vermutlich daheim. Dies bietet Hund und Mensch viele Gelegenheiten, sich gegenseitig genau kennenzulernen. Hunde sind ausgezeichnete und sehr feinfühlige Beobachter und nehmen Eindrücke wahr, die wir selbst gar nicht bemerken und reagieren auf Signale von uns, von denen wir nicht mal wissen, dass wir sie aussenden. Der Hund bemerkt, wie Sie sich in verschiedenen Situationen verhalten. Er erkennt Ihre Stimmung und Ihre Gepflogenheiten und wird ab und an auch sein eigenes Verhalten darauf abstimmen.

In jedem Familienalltag gibt es bestimmte Rituale und der Tagesablauf folgt meist einem bestimmten Rhythmus, an welchen sich der Hund mit der Zeit fast ohne großen Aufwand oder bewusstes Training gewöhnt, einfach weil es selbstverständlich ist. Familie, Freunde und Fremde gehören mit zu Ihrem Leben und damit auch zum Alltag des Hundes. Bei seinem Umgang mit diesen Personen orientiert sich der Hund häufig am Verhalten seiner Bezugsperson. Ihre Freundlichkeit, Gelassenheit, Aufregung usw. kann unter Umständen mit zum Maßstab werden, wie sich der Hund in solchen Situationen verhält.

Das Vertrautsein mit den Gepflogenheiten des anderen kann natürlich auch Nachteile haben. Wenn Ihr Hund beispielsweise registriert, dass Sie zuhause ständig auf sein aufmerksamkeitsforderndes Verhalten eingehen, warum soll er dies nicht auch draußen versuchen? Oder er erlebt, dass es daheim nicht erforderlich ist, Ihren Anweisungen zuverlässig nachzukommen, warum muss es dann draußen plötzlich sein? Woher soll der Hund wissen, dass es Ihnen nun gerade so wichtig ist?

Zusammenleben bedeutet auch, dass es bestimmte Regeln gibt. Vielleicht darf der Hund das Kinderzimmer nicht betreten, soll an einem bestimmten Platz sein Fressen bekommen oder wilde Spiele im Wohnbereich unterlassen. Hier sollten sich alle Familienmitglieder einig sein und an die Absprachen halten. Eine Schwierigkeit besteht allerdings darin, dass Sie bei einem neu in den Haushalt gekommenen Hund noch nicht wissen, worauf Sie achten müssen und wie sich das Zusammenleben entwickelt. Wenn Ihnen bestimmte Punkte besonders wichtig sind, sollten Sie zunächst recht genau auf deren Einhaltung achten. Das ist einfacher, als später nachbessern zu müssen. Wenn Sie beispielsweise dem Hund nicht erlauben, auf der Couch zu liegen oder höchstens auf persönliche Einladung hin, können Sie später diese Regelung immer noch lockern.
Gestatten Sie es jedoch von Anfang an und merken dann, dass der Hund die Couch für sich beanspruchen möchte, ist es deutlich schwieriger, neue Regeln aufzustellen. Mit der Zeit werden Sie bemerken, wo Sie etwas nachlässiger sein können, wo es nötig ist, weiterhin konsequent zu bleiben oder ob es weitere Punkte gibt, die beachtet werden müssen.

Immer wieder ist die Rede davon, aufmerksamkeitsforderndes Verhalten nicht ständig zu beachten. Aber wie erkennen Sie ein solches Verhalten? Wenn Ihr Hund bellt, winselt, Sie anspringt oder sehr körperbetont agiert, ist es meist offensichtlich. Häufig sind es die unspektakulären Aktionen, die man nicht so richtig zuordnen kann und an die man sich fast schon gewöhnt hat: Er stupst Sie an, legt Pfote oder Kopf auf Ihr Bein, bringt sein Spielzeug und drückt es Ihnen auf den Schoß.

6 | DER ALLTAG

Eine eher fordernde Kontaktaufnahme – Hund nähert sich direkt, schaut Sie evtl. dabei an, agiert zielstrebig. Ein weiteres Merkmal – wenn Sie nicht darauf eingehen, verstärkt er mit großer Wahrscheinlichkeit seine Bemühungen und versucht, Sie auf irgendeine Art und Weise zum Reagieren zu bewegen.

Eine höfliche Kontaktaufnahme – der Hund zeigt soziales Grüßen, d.h. er nähert sich etwas von der Seite mit höchstens kurzem Blickkontakt, seine Bewegungen sind weich, er wedelt mit tiefgehaltener Rute. Reagieren Sie nicht, wird er sich vermutlich nach einem weiteren kurzen Versuch abwenden oder neben Sie legen.

Sie dürfen und sollen Ihren Hund beachten, aber eben nicht ständig und vor allem nicht dann, wenn er fordernd darauf besteht. Für den Hund kann dies nämlich bedeuten, dass er die Spielregeln vorgibt und es für ihn selbstverständlich ist, dass Sie dann so regieren, wie er es wünscht.

Intensiver Sozialkontakt – bei manchen Hunden auch mit sehr engem Körperkontakt – ist wichtig. Er fördert die sozialen Bindungen und den Zusammenhalt.

Der ruhige Rückzugsort

Die meisten Hunde schätzen einen Platz, auf den sie sich zurückziehen oder auf dem sie ungestört schlafen können. Viele lieben geschützte Stellen unter dem Schreibtisch, der Treppe oder in einer Zimmerecke, für kleine Hunde eignet sich auch gut eine Art Höhle. Wenn der Hund an seinem selbst ausgewählten Platz nicht zu sehr im Wege ist, spricht nichts dagegen, ihm dort seinen persönlichen Rückzugsort einzurichten. Wichtig ist, dass er sich dort sicher und wohlfühlt, zur Ruhe kommen kann und auch nicht gestört wird. Dies ist besonders in lebhaften Haushalten, z.B. mit Kindern oder viel Besuch, zu beachten. Der Hund muss nicht ständig im Mittelpunkt stehen, beachtet, bespaßt oder erzogen werden.

Hat der Hund gelernt, sich auf seinen Platz zurückzuziehen, entspannt dies so manche Besucher-Situation, wenn beispielsweise die Gäste Angst vor dem Hund haben oder auch umgekehrt der Hund keinen Kontakt zu den Besuchern möchte. Es ist hilfreich, den Hund auf seine Decke schicken zu können, damit er nicht am Tisch bettelt, Ihnen bei Aufräum- oder Haushaltsarbeiten nicht im Weg ist oder einfach auch mal, um ihn zur Ruhe anzuhalten.

Mögliche Signale: PAUSE, GEH DECKE, oft unterstützt durch ein optisches Signal, z.B. Handbewegung in Richtung des Rückzugsortes. Möglichst nicht das Signal PLATZ, wenn dies in anderem Zusammenhang verwendet wird.

ÜBUNGSAUFBAU 1
Lernziel: Der Hund empfindet den vorgesehenen Platz als interessant und angenehm und geht auf Kommando dort hin.

Legen Sie mehrmals täglich ein besonderes Leckerchen auf den Platz. Ihr Hund kann dabei zuschauen, er wird vermutlich auch sogleich hingehen und das Futter nehmen. Als nächstes gehen Sie dazu über, das Leckerchen in Abwesenheit des Hundes auszulegen. Wenn er an seinem Platz vorbeischaut und dort eine Futterbelohnung vorfindet, erhöht sich die Wahrscheinlichkeit, dass er diesen häufiger aufsuchen wird. Geht der Hund von sich aus auf seinen Liegeplatz, loben Sie ihn mit ruhigem Tonfall und sparsamen Gesten. Gehen Sie zu ihm und geben Sie ihm nochmals ein Leckerchen. Wenn der Hund immer öfter auf seinen Liegeplatz geht, begleiten Sie diese Handlung mit dem ausgewählten Signal.

ÜBUNGSAUFBAU 2
Lernziel: Der Hund soll nicht nur gerne auf seine Decke gehen und sich dort wohlfühlen, sondern auch auf Anweisung dort einige Zeit verweilen.

Wählen Sie zum Üben eine Zeit, in der Sie ungestört sind und nicht unter Zeitdruck stehen. Am besten ist es, wenn Ihr Hund schon etwas müde und ausgetobt ist, z.B. nach einem Spaziergang.

Sagen Sie das ausgewählte Signal, lenken Sie den Hund, wenn erforderlich, auf seinen Liegeplatz. Sobald er sich mit allen 4 Pfoten dort befindet, bekommt er eine Belohnung. Es ist unwichtig, ob er dort steht, sitzt oder liegt. Der Hund soll nun so lange auf seinem Platz verweilen, bis Sie ihm das Auflösesignal geben. Bleiben Sie deshalb zunächst in der Nähe, damit Sie ihn sofort wieder zurückbringen können, wenn er den Platz verlassen möchte. Wichtig beim Zurückbringen ist, dass es zügig und zielgerichtet passiert. Diskutieren Sie nicht mit dem Hund darüber, schimpfen Sie nicht, machen Sie aber auch kein Spielchen daraus. Bleiben Sie ruhig, gelassen und konsequent, auch wenn Sie Ihren Vierbeiner 20 Mal hintereinander auf seinen Liegeplatz bringen müssen.

Wenn es oft nötig ist, den Hund wieder zurückzubringen, kann der Hund während der Übungsphase eine dünne Hausleine am Geschirr oder Halsband tragen. Der Vorteil der Hausleine besteht darin, dass man sie im Bedarfsfall schnell ergreifen und den Hund damit lenken kann, ohne ihn dabei direkt anfassen und/oder erst einmal einfangen zu müssen.

Diese Leine sollte ca. 1,5 Hundelängen lang sein und keine Schlaufen, Ösen o.Ä. aufweisen, um ein Hängenbleiben zu vermeiden. Ist der Hund alleine daheim oder kann nicht beaufsichtigt werden, muss die Hausleine entfernt werden.

In den nächsten Trainingsschritten belohnen Sie den Hund nicht mehr sofort beim Betreten des Liegeplatzes, sondern zögern die Gabe des Leckerchens immer weiter hinaus.

Die allermeisten Hunde legen sich ganz von alleine hin, wenn es ihnen zu lange dauert, sie aber bereits gelernt haben, dass das Verlassen des Platzes vor Ertönen des Auflösesignals nicht zum gewünschten Erfolg führt. Für das freiwillige Hinlegen wird der Hund mit einem Leckerchen belohnt, die Übung wird aber auch jetzt mit dem Auflösesignal beendet. Legt sich der Hund schließlich von alleine hin, wenn er auf den Platz geschickt wird, wird die Liegezeit weiter ausgedehnt, natürlich immer in Relation zu seinen Möglichkeiten. Ein junger oder sehr unruhiger Hund hat anfangs noch wenig Ausdauer und Konzentrationsvermögen.

Das Auflösesignal wird erst gegeben, wenn der Hund eine Weile ruhig und entspannt liegen geblieben ist.

RUHIGES VERWEILEN TROTZ ABLENKUNG

Bleibt der Hund zuverlässig auf seinem Platz, während Sie in unmittelbarer Nähe sind, können Sie weitere Trainingsschritte in Angriff nehmen. Entfernen Sie sich etwas vom Liegeplatz, gehen Sie im Zimmer auf und ab, verlassen Sie kurz den Raum, trainieren Sie unter ablenkenden Bedingungen. Sollte der Hund aufstehen, wird er sofort wieder zurückgebracht und evtl. die Schwierigkeit wieder gesenkt.

Gehen Sie zum Beenden der Übung zurück zum Liegeplatz. So muss der Hund nicht auf evtl. Signale auf Entfernung achten, sondern kann entspannt ruhen, bis Sie ihm das Auflösesignal ganz bewusst und direkt neben ihm geben.

Das Schlaf- und Ruhebedürfnis des Hundes nimmt die Hälfte bis zwei Drittel eines Tages ein – bei Welpen sogar noch mehr. Unter Ruhephasen versteht man die Zeit, in der der Hund wirklich zur Ruhe kommen kann, schläft oder vor sich hin döst und nicht dauernd neuen Reizen ausgesetzt wird.

Nach aufregenden Tagen, Erlebnissen usw. sind für jeden Hund ausreichende Ruhephasen (durchaus auch mal 1 oder 2 Tage) sinnvoll und für manche Hundepersönlichkeit sogar unbedingt erforderlich, damit sie »runterfahren« und regenerieren kann.

EIN WOHLFÜHL-PLATZ FÜR UNTERWEGS

Hat der Hund gelernt, dass er an seinem Rückzugsort zur Ruhe kommen kann, dort ungestört ist und auf nichts Weiteres achten muss, können Sie dies auch für Situationen außerhalb des Hauses nutzen, wenn Sie beispielsweise im Restaurant sind, Besuche machen o. Ä.

Vermutlich werden Sie nun nicht den Liegeplatz von zuhause mit nach draußen nehmen. Bei manchen Vierbeinern reicht es aus, irgendeine Decke mitzunehmen, andere müssen die neue Decke erst als Wohlfühlort erleben. Legen Sie diese dazu für einige Tage einfach mit auf den vertrauten Liegeplatz daheim.

Die Wohlfühldecke können Sie nun im Alltag mitnehmen und bei Bedarf an geeigneter Stelle platzieren. Geben Sie dem Hund das Signal, sich auf seine Decke zurückzuziehen. Bleiben Sie anfangs aber immer in unmittelbarer Nähe Ihres Hundes, damit Sie sofort reagieren können, falls eine Ablenkung zu schwierig ist für ihn oder er von anderen belästigt oder bedrängt wird. Er soll sich auch außerhalb der eigenen vier Wände auf seinem Rückzugsplatz immer sicher und wohlfühlen.

DIE HUNDE-BOX

Manche Vierbeiner fühlen sich in einer geschlossenen Hundebox wohler, weil ihr Rückzugsort nicht allen Blicken ausgesetzt ist.

Im ersten Trainingsschritt darf sich der Hund mit der Box vertraut machen. Verteilen Sie am Boxeneingang (bei geöffneter Türe) mehrere kleine Leckerchen, die er suchen kann. Betritt er die Box problemlos, legen Sie einen größeren Kauartikel hinein, dadurch wird er etwas länger dort verweilen. Die Boxentüre bleibt bei diesem Trainingsschritt offen.

Soll der Hund später auch in der geschlossenen Box bleiben, z.B. als Rückzugsort für unterwegs, wird er schrittweise daran gewöhnt. Wenn sich der Hund ganz selbstverständlich und entspannt in der Box aufhält, schließen Sie für ein paar Minuten die Boxentüre, öffnen Sie diese bereits wieder, ehe der Hund Unruhe zeigt, weil er nicht heraus kann. Die Zeitdauer wird dann zunehmend verlängert.

Das Begrüßungsmissverständnis

Viele Menschen interpretieren die stürmische Freude des Hundes bei ihrer Ankunft als ganz besonderen Liebesbeweis. Manches überschwängliche Begrüßungsverhalten hat jedoch mehr mit Stress und Aufregung zu tun, als mit Liebe.

Begrüßungen unter befreundeten Hunden laufen in der Regel wesentlich weniger aufgeregt und hektisch ab. Natürlich begrüßen sich Hunde, die sich gut kennen und mögen, mitunter recht ausgelassen und spielen vielleicht sogar miteinander. Ein für Hunde übliches Begrüßen schaut für uns Menschen eher gebremst aus. Die Tiere nähern sich einander mit den typischen Körpersignalen des sozialen Grüßens, versuchen den anderen im Schnauzenbereich zu beriechen und zu belecken und wedeln in ausholenden Bewegungen, manchmal ist der ganze Hund in Bewegung. Der begrüßte Hund, insbesondere, wenn er der ältere bzw. gelassenere ist, wird in der Regel das Begrüßungsverhalten des anderen nicht auf die gleiche Weise erwidern, auch wenn er diesen mag. Häufig steht der Begrüßte einfach nur da, wedelt ein paar Mal, wendet ab und an sogar den Kopf zur Seite, damit ihn der Begrüßende nicht zu sehr ablecken kann. Die Begrüßung dauert oft nur kurz, dann dreht sich der Begrüßte einfach um und geht.

Wenn Sie also ständig sehr begeistert auf die Begrüßung des Hundes reagieren, ihn sogar regelrecht zum Kontakt ermuntern, interpretiert der Hund dies auf seine Weise: Er ist der Meinung, seine Zuneigung und Freundlichkeit noch nicht ausreichend zum Ausdruck gebracht zu haben, sonst hätten Sie doch die Begrüßung bereits beendet und sich anderen Aufgaben zugewandt. Also muss er zwangsläufig noch aktiver werden. Wenn Sie dann genervt reagieren, ihn wegstoßen oder schimpfen, wird er sich vermutlich ebenfalls nicht beruhigen, sondern eher seine Bemühungen verstärken, insbesondere wenn er ohnehin ein wenig unsicher ist, er will Sie ja freundlich stimmen.

Unspektakuläre Begrüßung unter Hunden, die sich gut kennen und verstehen.

Das aus Hundesicht freundliche Begrüßungsverhalten muss nicht aberzogen, sondern kann in erwünschtere Bahnen gelenkt werden. Beim jungen oder gleichzeitig etwas unsicheren Hund könnten Sie beim Begrüßen in die Hocke gehen. Wenden Sie den Blick ab und lassen ihn erst mal in Ruhe an Ihnen schnüffeln. Wenn es ihn nicht zu sehr aufregt, dürfen Sie ihn dabei freundlich ansprechen oder auch kurz streicheln.

Ist der Hund sehr aufgeregt, wenn Sie nach Hause kommen, beachten Sie ihn so lange möglichst wenig, bis er sich weitestgehend beruhigt hat. Am besten sprechen Sie den Hund nach Betreten der Wohnung freundlich, aber kurz an, anschließend gehen Sie zügig weiter, bringen z.B. die Tasche in die Küche, ziehen den Mantel aus usw. Sie geben ihm dadurch weniger Gelegenheit zum Anspringen. Bedrängt er Sie trotzdem, treten Sie einen Schritt zurück oder wenden sich deutlich ab, allerdings ohne sich groß mit ihm zu beschäftigen. Viele Hunde brauchen dagegen eine Alternative, was anstatt des überschwänglichen Verhaltens zu tun ist. Setzt oder legt sich der Hund z.B. zwischendrin kurz, belohnen Sie ihn dafür. Oder Sie geben ihm in einem etwas ruhigeren Moment das Signal zum Hinsetzen. Einigen aufgeregten Vierbeinern hilft es auch, ein Spielzeug herumzutragen und ein wenig darauf herumzukauen.

Besuch

Gäste sind für viele Hunde eine aufregende Sache. Die einen fühlen sich in der Gegenwart von Besuchern unwohl und würden sie am liebsten laut bellend wieder vertreiben, andere freuen sich von zaghaft bis überschäumend über Zuwendung und Streicheleinheiten. Es hängt von der Grundstimmung Ihres Vierbeiners ab, wie Sie ihm bei Besuchersituationen helfen können.

Ist das Klingelgeräusch bereits zum Signal für aufgeregtes Verhalten geworden, weil der Hund die Erfahrung gemacht hat, dass alle daraufhin zur Türe eilen, kann dies wieder ein wenig abgebaut werden. Bitten Sie Nachbarn, ab und an zu klingeln, möglichst zu abgesprochenen Zeiten, damit Sie wissen, wann Sie das Klingeln ignorieren können. Reagiert der Hund aufgeregt, bellt und/oder läuft er zur Wohnungstür, beachten Sie ihn und das Klingelgeräusch in keiner Weise. Widmen Sie sich weiter Ihrer Tätigkeit, zeigen Sie ihm durch Ihre Gelassenheit, dass es keinen Grund zur Aufregung gibt.

Vermeiden Sie jede Art von Hektik, wenn die Klingel ertönt und Sie die Gäste hereinbitten. Begeisterte Begrüßungsworte, lebhafte Gesten oder Umarmungen wirken auf manche Hunde recht bedrohlich oder animieren zum Mitmachen. Die Besucher sollten den Hund anfangs möglichst in Ruhe lassen, das überschwängliche Begrüßungsverhalten des Vierbeiners ignorieren und einen unsicheren Hund keinesfalls locken oder bedrängen. Allerdings ist es manchmal leichter, den Hund zu erziehen, als die Besucher.

Achten Sie darauf, dass der Hund nicht der erste an der Türe ist, um dort die Gäste auf seine Weise zu begrüßen. Benötigt Ihr Hund eine Anweisung, geschieht dies bitte so ruhig und selbstverständlich wie möglich, damit die Besuchersituation dadurch nicht zusätzlich zu etwas Besonderem wird. Manchmal genügt ein NEIN, um den Hund zu stoppen, vor allem, wenn die Gäste wie selbstverständlich eintreten, den Hund nicht beachten und sich den Menschen zuwenden. Oftmals reicht dies jedoch nicht aus und belässt den Vierbeiner in seiner aufgeregten oder angespannten Stimmung. Er weiß nicht, was stattdessen zu tun ist und benötigt eine Handlungsalternative von Ihnen. Diese kann unterschiedlich sein, je nach Grundstimmung des Hundes: von in der Diele absitzen, auf den Liegeplatz gehen bis hin zum Spielzeug-Tragen.

Reagiert Ihr Hund unfreundlich auf Besucher, sollten Sie natürlich besondere Sorgfalt walten lassen

Zwischenlösung: Leinen Sie den Hund in Ruhe an, ehe Sie die Türe öffnen und Ihre Gäste begrüßen. Damit verhindern Sie unerwünschtes Verhalten und die Besucher fühlen sich nicht belästigt. Je nach Wohnsituation kann der Vierbeiner auch in einem Zimmer warten, bis der Gast eingetreten ist und sich die erste Aufregung der Menschen ein wenig gelegt hat.

Dieser Hund braucht etwas zum Herumtragen, so kann er seine Aufregung bei Ankunft der Besucher besser meistern.

und ein individuelles Training in Angriff nehmen. Sie entscheiden, wann und wie lange Ihr Hund Kontakt zu Besuchern hat. Er kann gerne mit dabei sein, wenn sich alle Beteiligten dabei wohlfühlen. Kommt der Hund nicht zur Ruhe oder belästigt permanent die Gäste, rufen Sie ihn zu sich und helfen ihm, ein passenderes Verhalten zu zeigen. Er kann sich beispielsweise neben Ihnen hinlegen, notfalls begrenzen Sie seinen Spielraum etwas, in dem Sie ihn an die Leine nehmen. Kennt der Hund seinen Liegeplatz als Rückzugsort, kann er natürlich auch dorthin geschickt werden.

Zeigt sich der Hund zurückhaltend oder unsicher, muss er keinesfalls Kontakt mit den Besuchern aufnehmen oder hautnah mit dabei sein. Lassen Sie ihn die Distanz wählen, die er braucht, um sich wohlzufühlen. Vielleicht möchte er in Ihrer Nähe sein, dann halten Sie gemeinsam etwas Abstand zu den Gästen. Andere Vierbeiner fühlen sich wohler, wenn sie sich an einen geschützten, vertrauten Bereich zurückziehen können.

Kind und Hund

Es ist unbestritten, dass Kinder und Hunde wunderbar zusammenpassen können. Bis ein Kind jedoch gelernt hat, sich dem Hund gegenüber richtig zu verhalten, müssen Erwachsene dafür sorgen, dass beide gut miteinander auskommen und die Bedürfnisse des Hundes beachtet und berücksichtigt werden.

Leider werden Kinder immer wieder von Hunden gebissen, oftmals sind es bekannte Vierbeiner oder der Familienhund. Das Verhalten von Kindern, ihre schnellen Bewegungen, lebhafte Gestik oder lautes Schreien und Kreischen ist für Hunde manchmal schwer einzuschätzen. Fühlt sich ein Hund in einer Situation unbehaglich oder von den Aktionen des Kindes bedrängt oder gar bedroht, wird er in vielen Fällen zunächst weggehen, ausweichen oder sich abwenden. Ist das nicht möglich, versucht er durch Drohen eine gewisse Distanzvergrößerung zu erreichen. Meist übersehen Kinder diese Signale, können sie nicht richtig einordnen und reagieren daher auch nicht passend darauf. Wenn Knurren und Drohsignale ebenfalls keinen Erfolg haben, kann es dazu kommen, dass der Hund zuschnappt.

Sie müssen deshalb in der Lage sein, Stress und Drohsignale Ihres Hundes wahrzunehmen und entsprechend frühzeitig eingreifen. Sollte es zu einer Gefahrensituation kommen, bewahren Sie Ruhe. Weisen Sie das Kind an, ruhig vom Hund wegzugehen, ohne ihn anzufassen oder weiter anzuschauen. Oder versuchen Sie, den Hund vom Kind wegzulocken, auch wenn Sie dazu die Kühlschranktüre öffnen oder mit der Leckerlidose rascheln müssen. Wichtig ist nur, dass die Situation nicht weiter eskaliert – dann allerdings sollten Sie das Geschehene nochmals besprechen und evtl. Hilfe von außen in Anspruch nehmen.

Erklären Sie Ihrem Kind das Verhalten des Hundes, seine Bedürfnisse und dass auch der Hund mal einen schlechten Tag haben oder krank sein kann. Zeigen Sie dem Kind einfache Übungen, die es je nach Alter mit Ihrer Unterstützung mit dem Hund machen kann: ein kleines Kunststück, hinsetzen, ruhiges Streicheln, etwas verstecken o. Ä.

Ihr Kind sollte lernen, wie es mit dem Hund Kontakt aufnehmen kann, warum dieser z.B. nicht umarmt werden möchte, wie er ausschaut, wenn er sich unwohl oder bedrängt fühlt und sich zurückziehen möchte. Und – ganz wichtig: dass es ein Zusammensein, ein Spiel mit dem Hund sofort beendet, weggeht und Sie informiert, sollte der Vierbeiner dabei knurren oder Drohsignale zeigen.

Manche Hundeschulen und Vereine bieten Stunden an, in denen Kinder im richtigen Umgang mit dem Hund geschult werden. Verschiedene Bücher und Lernprogramme eignen sich ebenfalls, um Kinder altersgerecht über Hunde zu informieren. Regeln haben nichts mit Übervorsichtigkeit zu tun oder damit, dass Sie sich ein Übungsprogramm sparen wollen, sondern schaffen gute Bedingungen für ein entspanntes Zusammenleben.

- Lassen Sie Kinder und Hunde nicht unbeaufsichtigt zusammen, auch wenn der Hund noch so lieb und das Kind im Prinzip vernünftig ist.

- Der Hund wird nicht gestört, wenn er auf seinem Rückzugsort liegt. Richten Sie ihm einen kindersicheren Rückzugsort ein, notfalls wird dieser durch ein Gitter, eine Markierung o. Ä. abgetrennt.

- Legen Sie Bereiche fest, in denen der Hund nichts zu suchen hat, z. B. das Kinderzimmer oder den Spielbereich, wenn Besucherkinder anwesend sind.

- Der Hund wird in Ruhe gelassen, wenn er frisst oder ein Spielzeug in seiner Nähe liegt. Viele Hunde schätzen es überhaupt nicht, beim Fressen gestört zu werden, oder wenn man ihnen das Spielzeug wegnimmt.

- Bei Besucherkindern gilt diese Vorsicht in noch größerem Maße. Sie können nicht davon ausgehen, dass diese mit dem Hund vertraut sind und ihn einschätzen können oder dass Ihr Hund das Verhalten der fremden Kinder gelassen hinnimmt. Für territorial veranlage Vierbeiner stellen Besucherkinder meist ebenso Eindringlinge dar, wie erwachsene Besucher. Kritisch kann es auch werden, wenn der Hund am Spiel der Kinder teilnimmt und es zu lebhaft zugeht oder sich die Kinder streiten. Es ist gut möglich, dass der Hund die Lage missversteht, seine Gruppenmitglieder bedroht sieht und es für nötig erachtet, in die vermeintliche Auseinandersetzung einzugreifen.

Ein Türgitter vor der Kinderzimmertüre oder vor anderen Räumen, die der Hund nicht betreten soll, schont die Nerven und vermeidet Konflikte.

Ob ein Kind alleine mit dem Hund spazieren gehen darf, lässt sich nicht pauschal beantworten. Im Prinzip muss ein Hund so geführt werden, dass keine Gefährdung von ihm ausgeht. Das Kind sollte also körperlich dazu in der Lage sein und das Ausführen zuvor im Beisein der Erwachsenen geübt haben. Überzeugen Sie sich bei gemeinsamen Spaziergängen, dass Ihr Kind gelernt hat, vorausschauend zu agieren und dem Hund passende Anweisungen zu geben. Kommt der Hund diesen zügig und zuverlässig nach oder besteht noch Trainingsbedarf? Es macht für manchen Hund durchaus einen Unterschied, ob er daheim im vertrauten Umfeld auf das Kind hören soll oder draußen unter Ablenkung.

Es ist zudem eine versicherungstechnisch relevante Frage. Beachten Sie hier die Regelungen Ihrer Haftpflichtversicherung und die gesetzlichen Verordnungen.

Alleine bleiben

Der Hund würde Sie wahrscheinlich am liebsten den ganzen Tag über begleiten. Das ist verständlich, Hunde sind hochsozial und alleine zu sein, löst bei manchen Tieren sehr starke Ängste aus. In seiner Angst kann der Hund die Wohnungseinrichtung zerstören, anhaltend bellen oder jaulen, unsauber werden oder sogar sich selbst verletzen. Trennungsangst tritt manchmal auch dann auf, wenn ein weiterer Hund mit im Haushalt lebt oder ein Familienmitglied anwesend ist, seine Hauptbezugsperson jedoch fehlt.

Alleine zu bleiben müssen Hunde in kleinen Schritten lernen. Sobald sich der Hund eingelebt hat und mit den Gegebenheiten vertraut ist, können Sie mit dem Training beginnen. Lassen Sie den Hund für kurze Zeit alleine in einem Zimmer, am besten nach einem Spaziergang, wenn er müde oder mit einem Kauartikel beschäftigt ist. Beginnen Sie wirklich mit ein oder zwei Minuten Abwesenheit. Idealerweise kommen Sie zurück, ehe der Hund jammert oder sich sonst wie bemerkbar macht.

Wichtig ist, dass Ihr Weggehen und Zurückkommen ohne Aufregung passiert. Ignorieren Sie den Hund vor dem Weggehen, verabschieden Sie sich nicht und – auch wenn es schwerfällt – begrüßen Sie ihn nicht, selbst wenn er sich noch so sehr freut, Sie wiederzusehen. Es sollte ganz selbstverständlich werden, dass Sie gehen und wiederkommen.

Steigern Sie zunehmend die Zeit Ihrer Abwesenheit in Minutenschritten. Sie können auch zwischendurch in den Raum gehen, ohne den Hund dabei zu beachten, dann verlassen Sie wieder das Zimmer. Bemerken Sie dabei, dass der Hund sich unruhig verhält, bleiben Sie für einige Minuten im Zimmer, bis er sich wieder entspannt hat.

Schimpfen Sie nicht mit Ihrem Hund, wenn er während des Alleinseins jammert. Trösten Sie ihn aber auch nicht. Beides wird das unerwünschte Verhalten eher verstärken und dem Hund bewusst machen, dass Alleinsein eine ganz besondere Situation ist. Wählen Sie lieber beim nächsten Mal eine kürzere Zeitspanne und eine bessere Ausgangslage.

Manche Hunde fühlen sich wohler, wenn Sie während des Alleinseins in einem besonders vertrauten Zimmer oder in ihrer Rückzugsecke bleiben dürfen. Andere kommen besser zurecht, wenn sie auch während Ihrer Abwesenheit Zugang zu den Wohnbereichen haben, die sie auch sonst benutzen dürfen.

Wie lange Sie den Hund grundsätzlich alleine lassen können, hängt nicht nur von Ihren Trainingsbemühungen ab. Ein Faktor ist die persönliche Toleranzgrenze des Hundes, wie lange er es aushält, ohne Ansprache und Kontakt zu seinen Sozialpartnern zu sein. Zum anderen ist die Zeit, bis ein Hund seine Blase entleeren muss, unterschiedlich lang. Der eine hält es nur wenige Stunden aus, ein anderer könnte es einen halben Tag lang aushalten.

Pflegemaßnahmen

Gewöhnen Sie Ihren Hund möglichst frühzeitig daran, dass Sie ihn an unterschiedlichen Körperstellen anfassen, ihm in die Ohren schauen, die Pfoten abwischen, ihn kämmen und bürsten oder auf Zecken o. Ä. durchsuchen.

Bemerken Sie, dass manche der Maßnahmen für Ihren Hund unangenehm sind und er sich Ihnen entziehen möchte, so gehen Sie besondere behutsam vor, aber keinesfalls zögerlich. Der Hund darf nicht lernen, dass er Sie mit Herumalbern oder In-die-Bürste-Beißen davon abhalten kann. Machen Sie es Ihrem Hund aber so leicht wie möglich:

- Nutzen Sie die tägliche Streichelrunde, um eine bestimmte Körperstelle besonders ausführlich zu untersuchen

- Überfallen Sie den Vierbeiner nicht mit Bürste oder Putztuch und vermeiden Sie eine bedrohliche Körperhaltung. Mag der Hund die Bürste so gar nicht, wählen Sie ein weiches Tuch und gewöhnen ihn nur daran, damit angefasst und abgewischt zu werden.

- Machen Sie ein Ritual daraus. Nach jedem Spaziergang werden die Pfoten nur kurz berührt, bis sie dann nach und nach ausführlicher gesäubert werden können.

- Verknüpfen Sie die Pflegemaßnahmen positiv, in dem Sie ihm während des Bürstens ab und an ein besonders tolles Leckerchen geben.

Einige Hunde halten eher still, wenn man die Pflegemaßnahmen mit einem Ritual verbindet, wie einem bestimmten Signal (HALT STILL oder BÜRSTEN), oder immer am selben Ort durchführt.

Unterwegs

Straßenlärm, fremde Menschen, Zusammentreffen mit unterschiedlichsten Artgenossen, räumliche Enge, Gerüche, Geräusche sind nur einige der Herausforderungen, denen Hund und Halter fast täglich begegnen. Manchmal denken wir: »Unser Hund muss doch nur mit dabei sein.« Tatsächlich ist dies bloß auf den ersten Blick eine einfache Aufgabe, selbst wenn der Hund die dafür notwendigen Signale gelernt hat. An lockerer Leine mitzugehen, ist eine Sache, dies auch in der Fußgängerzone zu tun oder im völlig unbekannten Park auf einer Urlaubsreise stellt ganz andere Anforderungen dar.

Wohlverhalten in Alltagssituationen und Gelassenheit gegenüber neuen Reizen kann gelernt werden – ein Stück weit. Aber Lernen ist nicht alles, die Vorgeschichte des Hundes, seine Befindlichkeit und Persönlichkeit spielen eine große Rolle. Einige Vierbeiner benötigen kaum Training oder Anleitung, sie machen den Alltag mit, ohne sich groß aufzuregen. Mit anderen muss man fast jede Situation extra üben und häufig wiederholen, bis sie einigermaßen entspannt bleiben oder sich trotz Ablenkung auf eine Anweisung konzentrieren können. Manche Hunde brauchen zeitlebens besondere Sorgfalt und Anleitung, damit sie gut zurechtkommen. Dies kann häufig bei Tieren beobachtet werden, die eine ungenügende Sozialisierung erfahren oder schlechte Erfahrungen mit Menschen oder bestimmten Situationen gemacht haben. Sie fühlen sich in einer fremden Umgebung oft stark verunsichert, stehen unter erheblichem Stress und ihre Lernfähigkeit ist dadurch stark eingeschränkt. Auch Hunde sind körperlich oder mental nicht immer in Bestform und können deshalb anders als erwartet auf einen Reiz reagieren.

Es ist also nicht immer der Verdienst des Halters oder liegt an dessen Unvermögen, wenn sich ein Hund in Alltagssituationen wohlfühlt, gestresst ist, gut oder schlecht präsentiert.

Am einfachsten kann eine Übertragung des Gelernten in Alltagssituationen dann stattfinden, wenn Sie die Aufgaben wie selbstverständlich in den Alltag einbauen, den Hund dabei jedoch nicht überfordern. Sie brauchen nun nicht mit Argusaugen überall Probleme sehen oder jede kleinste Veränderung im Stufenplan abarbeiten. Wenn Ihr Hund ohne großes Zögern mitgeht – ist doch prima, wenn nicht, helfen Sie ihm dabei. Wichtig ist, dass Sie bemerken, wie Ihr Hund gestimmt ist und wie eine Situation auf ihn wirkt.

Betrachten Sie das Alltagsgeschehen aus der Wahrnehmungsebene des Hundes. Hierbei geht es nicht nur um unterschiedlichste Reize, die den Hund ablenken oder zu spontanen Reaktionen verleiten können. Sind Sie schon mal mit bloßen Füßen über einen scharfkantigen Gitterrost gegangen oder von der Sonne aufgeheizten Asphalt? Auch für Hundepfoten können solche Untergründe äußerst unangenehm sein. Viele Hunde tun sich schwer bei glatten Böden, schwankenden Brücken oder Wegen, die ins Dunkle führen. Andere zögern beim Begehen von Aufzügen, Drehtüren oder Treppen, durch deren Stufen man hindurchsehen kann, die gewendelt oder sehr schmal und steil sind. Sie benötigen oftmals mehrere Wiederholungen, bis sie sich hier sicherer fühlen.

Wenn Sie den Hund an einen für ihn unbekannten Ort mitnehmen, braucht er Zeit, um sich an die neuen Eindrücke zu gewöhnen. Überhäufen Sie ihn dort nicht gleich mit Aufgaben oder zusätzlichen Aufregungen. Einige Hunde müssen ein Gebiet mehrmals aufsuchen, bis sie damit vertraut werden. Anderen hilft es, wenn sie nicht sofort mitten im Geschehen sind, sondern sich das Ganze mit etwas Abstand anschauen können. Erst wenn der Hund sich von der Umgebung selbst nicht mehr ablenken lässt und sich dort entspannt verhält, ist er bereit für weitere Aufgaben.

6 | DER ALLTAG

Mülltonnen gehören zum Straßenbild.

Nah am Geschehen – kein Problem für diesen Hund.

Der Hund geht an lockerer Leine neben seinem Menschen oder, falls das nicht möglich sein sollte, hinter ihm. Ein vorpreschender Hund wird gebremst durch ein entsprechendes Handzeichen und das Kommando »Zurück« bzw. durch häufiges Stehenbleiben auf den Stufen.

Wenn es für Sie und Ihren Hund entspannter ist, dann führen Sie ihn in solchen Situationen auf der vom Verkehr abgewandten Seite.

Vorbei am krachmachenden LKW-Straßenverkehr

Das aufgezeigte Vorgehen kann – in angepasster, abgewandelter Form – auf andere Alltagssituationen übertragen werden.

Gehen Sie die Aufgabe überlegt an. Es ist jedoch unnötig, gleich Probleme zu vermuten oder einen großen Aufwand zu betreiben, wenn das bisherige Verhalten Ihres Hundes keinen Anlass dazu gibt. Nehmen Sie den Hund mit auf einen Gang die Straße entlang, ohne großes Aufheben zu machen, und beobachten Sie, wie er sich verhält. Bereiten Sie sich jedoch darauf vor, ihm bei der Bewältigung der einzelnen Situationen zu helfen.

Hilfe kann sein:

- *Wählen Sie anfangs eine kurze Wegstrecke und eine Tageszeit, in der erfahrungsgemäß nicht allzu viel Verkehr herrscht.*

- *Führen Sie den Hund auf der dem Verkehr abgewandten Seite oder nutzen Sie einen breiteren Gehweg, so dass die Fahrzeuge nicht direkt an ihm vorbeibrausen.*

- *Bestehen Sie nicht auf einem korrekten Bei-Fuß-Gehen, lassen Sie ausreichend Leinenspielraum, damit der Hund sich etwas wegbewegen kann, wenn der Abstand für ihn zu gering wird. Die Leine darf jedoch nicht so lang sein, dass er bei seinem Ausweichmanöver sich oder andere gefährden könnte.*

- *Bemerken Sie, dass es für Ihren Hund zu viel wird oder er Unbehagen zeigt, biegen Sie wie selbstverständlich ab, laufen einen Bogen und nähern sich erst nach einigen Metern wieder der Straße.*

- *Loben Sie ihn immer wieder dafür, dass er gut mit Ihnen mitläuft. Achtung: Wenn Sie sich nicht ganz sicher sind, ob Ihr Hund auch wirklich gelassen war, gehen Sie besser ohne Belohnung weiter, damit keine Fehlverknüpfungen passieren und der Hund für angespanntes Verhalten belohnt wird oder erst durch die Belohnung auf die Besonderheit der Situation aufmerksam gemacht wird.*

Etwas aufwändiger wird es, wenn sich der Hund in diesen Situationen unbehaglich fühlt.

Zwingen Sie ihn nicht, Kontakt zu Reizen aufzunehmen, die ihn verunsichern. Es kann eine positive Verknüpfung zum »Angstobjekt« hergestellt werden. Trainingsziel ist, dass der ursprünglich Unbehagen auslösende Reiz eine freudige Erwartung beim Hund hervorruft.

Der Reiz durch den LKW-Straßenverkehr wird also in so abgeschwächter Form oder großer Entfernung geboten, dass er höchstens geringe Angst oder Unsicherheit hervorruft. Trainieren Sie zunächst in einer Nebenstraße, in der der Verkehrslärm etwas abgeschwächt zu hören ist. Für manche Hunde sind LKW + Fahrgeräusche zu viel, hier können Sie in der Nähe eines stehenden Fahrzeuges beginnen.

1. Lernschritt:

Gehen Sie mit Ihrem Vierbeiner in Richtung des Verkehrs. Geben Sie ihm jedes Mal, wenn er auf diesen abgeschwächten Reiz trifft, eine besondere Belohnung und zwar noch ehe er eine Angstreaktion zeigen kann. Der Reiz wird dadurch zunehmend zum Signal für eine Belohnung. Dieser Lernschritt wird so häufig wiederholt, bis der Hund sich über den ehemals angstauslösenden Reiz freut, weil er gelernt hat, dass diesem eine Belohnung folgen wird.

Zeigt der Hund Unsicherheit oder eine Angstreaktion, gehen Sie kommentarlos weg und wiederholen die Annäherung, in dem Sie einen anderen Weg, einen größeren Abstand oder ein anderes Fahrzeug wählen.

2. Lernschritt:

In kleinen Schritten wird die Intensität des Reizes gesteigert, d.h. variieren Sie den Abstand und besuchen Sie unterschiedliche Fahrzeuge und Umgebungen. Zum nächsten Schritt darf wirklich erst dann übergegangen werden, wenn der Hund den vorhergehenden ohne Angst und mit freudiger Erwartung auf die Belohnung meistert. Damit das Verhalten generalisiert wird, sind viele Wiederholungen in unterschiedlichen Umgebungen nötig.

Umwege sind erlaubt!
Fahrzeuge kommen im heutigen Alltagsleben einfach vor. Es bedarf also ab und an eines Managements, sodass der Hund dem Straßenverkehr nur in der Dosierung begegnet, die er von seinem Ausbildungsstand her noch bewältigen kann. Das bedeutet: Sie meiden während der Trainingsphase Wege direkt entlang vielbefahrener Straßen, gehen an LKWs in großem Bogen vorbei und führen den Hund nicht gerade in Baustellenbereichen aus oder an Tagen der Müllabfuhr.

Auto, Bus und Bahn

Im Auto gelten Hunde laut StVO als Ladung und müssen entsprechend gesichert werden. Eine Möglichkeit ist die passende Transportbox, die je nach Größe hinter dem Vordersitz, auf dem Rücksitz oder im Kofferraum platziert und sicher fixiert wird. Ihr Hund sollte allerdings vor einer ersten Autofahrt bereits mit der Box vertraut sein. Eine Alternative ist ein Rückhaltesystem, mit dem der Vierbeiner auf dem Rücksitz angeschnallt wird. Achten Sie auf ein gut sitzendes Geschirr und einen nicht zu langen Anschnallgurt. Soll der Hund im Kofferraum untergebracht werden, bietet sich außer der Transportbox ein stabiles Trenngitter an, das zwischen Ladefläche und Fahrgastraum gut verankert wird. Netze bieten keinen ausreichenden Schutz.

Lassen Sie Ihrem Hund Zeit, um sich an das Fahrzeug zu gewöhnen. Er kann es gerne zunächst von außen abschnuppern oder das Wageninnere in Ruhe kennenlernen. Vielen Hunden hilft ihre Lieblingsdecke, um sich sicherer zu fühlen.

Beim Einsteigen benötigen vor allem Hunde mit gesundheitlichen Problemen oder größere Tiere etwas Unterstützung. Eine Hunderampe zum Ein- und Ausstieg aus dem Kofferraum kann eine gute Hilfe sein. Das Gehen auf der schrägen Ebene üben Sie, wenn erforderlich, separat und in kleinen Schritten (Rampe auf den flachen Boden legen, dann den Winkel immer weiter erhöhen).

Mit zwei Hunden wird es schwieriger, ist aber doppelt wichtig. Sie können nicht nach beiden gleichzeitig schauen, ...

Manche Hunde neigen dazu, sofort aus dem Auto zu springen, sobald die Türe auch nur ein wenig geöffnet wird. Üben Sie mit Ihrem Hund das kontrollierte Aussteigen, am besten in einer ablenkungsfreien Umgebung und nicht gerade dann, wenn sein Hundekumpel am Auto steht. Geben Sie dem Hund das Signal zum Bleiben, loben Sie ihn, während er ruhig wartet. Notfalls schließen Sie kurz wieder die Autotüre bzw. den Kofferraum. Im nächsten Schritt gehen Sie bei geöffneter Türe ein wenig am Auto hin und her, ziehen die Jacke an ...

Lassen Sie an warmen Tagen den Hund nie alleine im Auto, auch wenn Sie den Wagen im Schatten abgestellt haben. Da Hunde sich nur über Hecheln Kühlung verschaffen können, endet eine Überhitzung ganz schnell mit Kreislaufproblemen oder einem Kollaps.

Möchten Sie Ihren Hund bei Bus- oder Bahnfahrten mitnehmen, erkundigen Sie sich zuvor nach den geltenden Bestimmungen (Maulkorbpflicht o. Ä.) und nach den Bedingungen, die Ihr Hund antreffen wird. Einen kleinen Vierbeiner können

... wenn sie unerlaubterweise herausspringen würden. Beide warten, bis sie angeleint sind oder die Aufforderung zum Aussteigen bekommen.

Sie notfalls kurz auf den Arm nehmen, wenn schwierige Stufen oder Zwischenräume zu bewältigen sind, mit einem größeren Vierbeiner sollten Sie dies evtl. zuvor üben. Manchmal bieten die Endhaltestellen von Bus und Bahnen eine Möglichkeit, mit dem Hund das Ein- und Aussteigen am stehenden Wagen zu üben. Das wäre ein wirklich guter Beginn. So kann sich der Hund in Ruhe zunächst an den Bahnsteig-Betrieb gewöhnen, lernt die unterschiedlichen Trittstufen zu begehen und lässt sich auch durch den Spalt oder Höhenunterschied zwischen Bahnsteig und Zugabteil nicht mehr irritieren.

Die unbekannten Fahrgeräusche, das Schwanken, Abbremsen usw. sind für viele Hunde zunächst sehr irritierend. Die ersten Fahrten finden daher am besten zu einer Zeit statt, in der erfahrungsgemäß wenig Betrieb herrscht. In einer vollbesetzten Bahn ist es recht schwierig, einen größeren Abstand zu anderen Reisenden herzustellen oder dem Hund den Raum zu geben, den er benötigt, um sich wohlzufühlen. Eine Station genügt anfangs vollkommen. Wichtig ist, dass der Hund bei solchen Unternehmungen ausreichend gesichert ist. Damit ist nicht nur die Maulkorbpflicht gemeint, die auf manchen Fahrtstrecken vorgeschrieben ist. Halsband, Geschirr und Leine dürfen ein Entweichen des Hundes nicht zulassen, wenn er plötzliche Ausweichbewegungen macht.

Die kleine Pause zwischendurch

Sie ist grundsätzlich für Hund und Mensch hilfreich, um kurz entspannen zu können oder sich nach einer aufregenden Aktion wieder zu beruhigen. Alltagssituationen sind nicht immer berechenbar, daher wird der Hund ab und an trotz überlegtem Vorgehen mit nicht beabsichtigten Reizen oder ungewohnten Situationen konfrontiert. Ihr geschickter Umgang, auch mit unerwartet stressigen Momenten, hat einen großen Einfluss auf den Hund und teilweise auch auf die Reaktionen der Mitmenschen.

Erkennen Sie, wie Ihr Hund gestimmt ist/die Situation auf ihn wirkt

Geht noch:

- Der Hund ist ein wenig aufgeregt, bewegt sich oft auch etwas schneller, trippelnder Gang.

- Er ist aber noch aufmerksam und ansprechbar. Nach Beenden der Situation kommt er relativ schnell wieder zur Ruhe.

Zu viele oder zu belastende Eindrücke:

- Der Hund zeigt körperliche Unruhe, Übersprungshandlungen. Manche Hunde wirken insgesamt übereifrig, es gelingt ihnen jedoch nicht, Anweisungen zu befolgen oder die Hilfen ihres Menschen richtig wahrzunehmen, solange sie sich noch in der aufregenden Lage befinden.

- Hunde zeigen Beschwichtigungsgesten wie über die Schnauze lecken, am Boden schnüffeln usw.

- Einige Vierbeiner wirken dabei wie unbeteiligt oder möchten ausweichen, weggehen.

- Auch aggressives Verhalten kann gezeigt werden. Vor allem, wenn räumliche Enge mit dazukommt oder der Vierbeiner von seinem Naturell her zu diesem Verhalten neigt.

Je nach Hundepersönlichkeit und Umgebung können verschiedene Maßnahmen dabei helfen, damit der Hund wieder etwas zur Ruhe kommen kann. Wenn nötig, nehmen Sie den Hund so rasch wie möglich aus einer stressigen Situation. Dazu reicht unter Umständen bereits etwas mehr Abstand. Bringen Sie den Hund hinter sich oder gehen Sie erst einmal zügig weiter, um dann an geeigneter Stelle zu pausieren.

Pausen an einer ruhigen Stelle abseits und zwar am besten, ehe der Hund deutliche Zeichen von Stress und Anspannung erkennen lässt. Trinken oder Sich-versäubern-Können trägt ebenfalls zum Wohlbefinden bei.

Vertraute Übungen helfen diesem Hund, wenn ihn eine Situation überfordert. Sie sind wie eine Insel, auf die er sich zurückziehen kann.

Einigen Vierbeinern hilft der enge Kontakt zu ihrer Bezugsperson, um aufregende/schwierige Situationen besser bewältigen zu können. Bieten Sie Ihrem Hund ruhigen Körperkontakt, er darf sich an Sie lehnen, dicht bei Ihnen sitzen. Streicheln Sie ihn ruhig (nicht hektisch) an Körperstellen, die ihm angenehm sind.

Finden Sie eine gute Balance zwischen eher anstrengenden Unternehmungen, in denen der Hund sich wohlverhalten sollte, und entspannten Spaziergängen, in denen wenig Anforderungen an den Hund gestellt werden müssen.

Immer und überall dabei? – eine individuelle Entscheidung

Eine häufig Frage dabei ist: Was hat mein Hund davon? Und – die eigentlich wichtigere Frage: Würde es ihm schaden, ihn über Gebühr belasten?

Vielleicht hat ein Vierbeiner nichts davon, in der Gaststätte unter dem Tisch zu liegen – es stört ihn aber auch nicht. Verlockende Gerüche, dicht an ihm vorbei gehende Menschen, Lärm usw. nimmt er zur Kenntnis, ohne dass es ihn zu sehr belastet. Er ist gerne mit seinem Menschen zusammen, das überwiegt. Für einen anderen Hund sind diese Faktoren so belastend, dass er nicht zur Ruhe kommt und in dieser Situation auch nicht lernen kann. Hier ist es für alle Beteiligten sicher besser, ihn bei solchen Unternehmungen nicht mit dabei zu haben.

Während einer Trainingsphase, in der ein Hund sorgfältig an eine bestimmte Situation herangeführt wird und möglichst viele positive Lernerfahrungen machen soll, ist es eine Gratwanderung, hier richtig zu entscheiden. Wenn Ihr Hund im Allgemeinen recht gelassen und belastbar ist, kann er in der Regel ab und an eine Situation verkraften, in der es nicht perfekt und lehrbuchmäßig zugeht.

Anders sieht es aus bei Hunden, die schnell überfordert sind, viele Reize gleichzeitig nur schlecht aushalten können oder wenn durch Fehler bzw. Unvorhergesehenes ein Trainingsrückschritt zu befürchten ist. Diese Tiere sollten nur Situationen ausgesetzt werden, die sie von ihrem Ausbildungsstand her noch meistern oder die sofort beendet werden können, wenn es zu viel wird. Lassen Sie sich hier auch nicht überreden oder unter Druck setzen. Wenn Ihr Hund noch nicht bereit ist für den Biergarten, dann ist das auch kein Beinbruch. Es gibt Schlimmeres.

Bei älteren Hunden nimmt nicht nur die körperliche Belastbarkeit ab, durch nachlassende Sinnesleistungen nimmt der Hund viele Reize deutlich später wahr als früher, was ihn verunsichern oder erschrecken kann. Entscheiden Sie je nach Tagesform, was Ihrem Hund gerade guttut. Vielleicht fühlt er sich manchmal daheim wohler, obwohl er früher in diesen Situationen gerne mit dabei war.

Und noch was: Sind Sie gelassen und zuversichtlich, überträgt sich dies auf den Hund und eine Situation gelingt eher. Sind Sie unsicher und zögern, dann ist es auch in Ordnung, es in diesem Moment nicht auszuprobieren.

Im Prinzip kann man den Hund dann mitnehmen, wenn

- es erlaubt ist,

- der Hund gut an diese Situation gewöhnt wurde bzw. sie keine unzumutbare Belastung für ihn darstellt,

- sich der Hund im Lernprozess befindet, die Situation jedoch so gestaltet und kontrolliert werden kann, dass es keinen Dauerstress für den Hund bedeutet und er noch lernen kann,

- der Hund weder sich noch andere in Gefahr bringt,

- Sie die Nerven und Zeit haben, sich um Ihren Hund und seine Belange zu kümmern.

Maulkorb-Training

Gewöhnen Sie Ihren Hund an das Tragen eines Maulkorbs, auch wenn Ihnen dies derzeit eher unnötig erscheint. Es ist jedoch von Vorteil und erspart unter Umständen einigen Stress, wenn der Hund beizeiten und in Ruhe damit vertraut gemacht wurde. In vielen öffentlichen Verkehrsmitteln gilt für Hunde Maulkorbpflicht, und in einigen Urlaubsländern wird das Tagen oder zumindest Mitführen eines Maulkorbs verlangt. Manchmal ist es nötig, den Hund während einer tierärztlichen Behandlung mit einem Maulkorb zu sichern. Neigt der Hund dazu, draußen alles Fressbare aufzunehmen, kann ein Maulkorb – neben einem entsprechenden Training – ebenfalls sinnvoll sein, um Erkrankungen oder Vergiftungen zu verhindern.

Gut geeignet sind Maulkörbe aus Metall oder Plastik. Bei Letzteren kann seitlich oder vorne eine Strebe herausgeschnitten werden, dies erleichtert das Durchstecken von Futter. Achten Sie auf eine gute Passform (der Hund muss frei atmen, hecheln und trinken können), gepolsterte Ränder und einen leicht zu bedienenden Verschluss.

Ungeeignet sind Maulschlaufen aus Nylon. Sie dürfen höchstens für kurze medizinische Behandlungen verwendet werden. Der Hund kann damit weder hecheln, noch Wasser aufnehmen.

Übungsaufbau:
Sie können das Anlegen mit einem Signal begleiten (ANZIEHEN, MAULI o.Ä.), dadurch wird der Hund auch später nicht von dem Teil überrascht, sondern kann sich darauf einstellen.

1. Lernschritt:
Halten Sie den Maulkorb in einer Hand. Reichen Sie dem Hund mit der anderen Hand einige Leckerchen oder legen Sie den Korb auf den Boden und verstreuen Leckerchen daneben. Der Hund darf ganz in Ruhe am Maulkorb schnüffeln und die Leckerchen aufnehmen. Das Vertrautwerden mit dem Maulkorb kann einige Tage in Anspruch nehmen.

2. Lernschritt:
Streichen Sie etwas Käse oder Leberwurst in den Korb und lassen den Hund daran lecken. Bewegen Sie dabei den Maulkorb nicht in Richtung des Hundes. Der Hund soll von sich aus zum Maulkorb kommen und seinen Fang hineinstecken, um an das Futter zu gelangen.

Wiederholen Sie diesen Lernschritt an mehreren Tagen. Damit der Hund immer länger mit seiner Nase im Korb bleibt, halten Sie Leckerlistreifen oder die Leberwursttube vor den Korb und füttern den Hund damit durch das Gitter.

3. Lernschritt:
Erst wenn der Vierbeiner seine Nase ganz selbstverständlich in den Maulkorb steckt, beginnen Sie damit, den Nackenriemen zu schließen. Der Maulkorb sitzt zunächst ganz locker. Öffnen Sie den Verschluss nach einigen Sekunden wieder. Verlängern Sie zunehmend die Zeit, in der der Maulkorb geschlossen bleibt. Füttern Sie anfangs den Hund immer wieder mit Leckerlistreifen oder Leberwurst durch das Maulkorbgitter.

In weiteren Lernschritten schließen Sie den Nackenriemen korrekt und verlängern schrittweise die Tragedauer. Führen Sie den Hund ein kurzes Stück damit spazieren. Gewöhnen Sie ihn daran, den Maulkorb in unterschiedlichen Situationen zu tragen. Loben Sie ihn, wenn er gelassen damit umgeht, und schieben Sie ab und an ein Leckerchen durchs Gitter. Versucht er, den Maulkorb abzustreifen, lenken Sie ihn ein wenig ab bzw. gehen wieder einen Trainingsschritt zurück.

Kapitel 7

Begegnungen – Menschen und Hunde gehören zum Alltag

Zusammentreffen mit anderen Menschen

Viele Hunde gehen ganz selbstverständlich an Menschen vorbei und haben kein Problem damit, angesprochen oder gar gestreichelt zu werden. Aber selbst ein unbefangen auf Menschen zugehender Hund benötigt eine Anleitung, wie er sich in bestimmten Situationen verhalten sollte. Andere Vierbeiner brauchen mehr Gewöhnung und Hilfestellung, sie sind nicht sogleich mit allen Menschen vertraut, und zu dichtes Vorbeigehen an Fremden verursacht bei Ihnen Unbehagen. Das kann an schlechten Erfahrungen liegen oder daran, dass der Hund bisher noch keinen Kontakt mit bestimmten Personen hatte. Bewegungen, Umrisse, die sich nicht mit dem vertrauten Raster des Hundes decken, können den Vierbeiner verunsichern.

Bieten Sie Ihrem Hund daher die Möglichkeit, sich an unterschiedlichste Menschentypen zu gewöhnen. Ganz in Ruhe, mit großer Selbstverständlichkeit und ohne dass er dabei von Fremden bedrängt wird. Setzen Sie sich beispielsweise mit ausreichendem Abstand an den Rand eines Spielplatzes, auf eine Bank auf dem Parkplatz des Einkaufszentrums oder einer Parkanlage, damit der Hund in Ruhe die unterschiedlichen Personen wahrnehmen kann. Ideal ist es, wenn er sich nach einiger Zeit abwendet, sich Ihnen zuwendet oder sich hinlegt. Verhält sich der Hund unsicher oder sehr irritiert, wählen Sie einen größeren Abstand oder eine weniger aufregende Situation. Alternativ gehen Sie am Rande eines solchen Geländes mit Ihrem Hund spazieren. Spielen Sie mit ihm oder geben Sie ihm kleine Aufgaben, die er gerne ausführt. Die Aktionen sollen ihn jedoch nicht hochpuschen.

Kein Grund zur Aufregung – neutrales Vorbeigehen

Üben Sie von Anfang an neutrales Vorbeigehen an anderen, es erleichtert viele Alltagssituationen und ist die Grundlage für problemlose Begegnungen. Leider ist das manchmal einfacher gesagt als getan. Gerade junge Hunde verlocken fremde Menschen dazu, sie anzusprechen oder anzufassen. Stellen Sie sich am besten darauf ein, damit Sie im Interesse des Vierbeiners richtig reagieren können. Ihr Hund sollte nicht die Erfahrung machen, dass Begegnungen aufregend, Grund für überschäumende Begeisterung oder Verunsicherung sein müssen.

Gehen Sie mit Ihrem jungen Hund in einigem Abstand an anderen Personen vorbei, machen Sie ihn nicht extra darauf aufmerksam. Kommt er bereitwillig mit, so loben Sie ihn dafür. Interessiert er sich für die Begegnung, zieht evtl. etwas in Richtung des anderen, sprechen Sie den Hund nochmals an, damit er seine Aufmerksamkeit auf Sie richtet, lenken ihn am anderen vorbei und loben ihn fürs Mitkommen. Integrieren Sie auch beim erwachsenen Hund die Begegnungen wie selbstverständlich in den Alltag. Solange Sie noch nicht genau einschätzen können, wie der Hund auf unterschiedliche Begegnungen reagiert, wählen Sie einen größeren Abstand zur entgegenkommenden Person oder führen den Hund auf der abgewandten Seite.

Bei manchen Begegnungen bemerken Sie vielleicht, dass Ihr sonst eher uninteressierter Hund aufmerksamer oder angespannter ist. Ein Grund dafür könnte im Verhalten der entgegenkommenden Person liegen. Menschen, die Angst vor Hunden haben bzw. sich in deren Gegenwart unsicher fühlen, schauen meist das an, was sie beunruhigt.

Der sich nähernde Jogger, Spaziergänger fühlt sich vielleicht sicherer, wenn er den Hund stets im Blick hat. Dieses Anschauen, verbunden mit einer angespannten Körperhaltung oder plötzlichen erschreckten Ausweichbewegung, empfinden viele Hunde zumindest als Interesse an ihnen oder gar bedrohlich und reagieren ihrerseits darauf.

Wenn sich eine derartige Begegnung anbahnt, rufen Sie Ihren Hund zu sich, leinen ihn an und weichen ein wenig aus. Es macht auf Passanten einen guten Eindruck, wenn sie das Gefühl gewinnen, dass der Hundehalter seinen Hund unter Kontrolle hat und sie entspannen sich oftmals ein wenig. Dadurch verändert sich auch das Ausdrucksverhalten der Passanten, was sich wiederum auf den Hund auswirken kann. Diese kleine Geste der Rücksichtnahme ist für Sie in der Regel kein Aufwand, für Ihr Gegenüber jedoch meist eine große Erleichterung.

Der Hund geht mit Blickkontakt zur Besitzerin am Radfahrer vorbei. Sicherheitshalber könnten Sie einen noch größeren Abstand wählen bzw. den Hund auf der abgewandten Seite führen. Halten Sie mindestens eine Leinenlänge Abstand, damit Sie notfalls Spielraum zum Reagieren haben.

Stellen Sie sich darauf ein, dass Ihr Hund bei der Begegnung mit Joggern, Radfahrern anders reagieren kann als sonst. Ein aus Hundesicht durchaus verständliches Verhalten. Schnelle Bewegungen sind ein starker Reiz für den Hund, seine Aufmerksamkeit dort hinzuwenden und darauf zu reagieren. Auch ein verändertes Gangbild, ausladende Gesten oder die Bewegungen spielender Kinder können das Interesse des Hundes wecken oder ihn irritieren.

Eine Alternative: Lassen Sie Ihren Hund absitzen, am besten etwas abseits, belohnen Sie ihn fürs ruhige Sitzen und die Aufmerksamkeit auf Sie. Warten Sie in Ruhe ab, bis der Radfahrer oder Jogger vorbei ist.

Der Hund zeigt Interesse an der Radfahrerin. Spätestens jetzt sollten Sie damit rechnen, dass er in diese Richtung ziehen oder losspringen könnte.

Was tun, wenn Ihr Hund derzeit Begegnungen nicht problemlos meistert, zu Personen hinzieht, sich unwohl fühlt, erschreckt ausweicht oder sie anbellt?

Halten Sie Abstand! Das kann durchaus bedeuten, dass Sie im Bogen an Entgegenkommenden vorbeigehen, in eine Einfahrt einbiegen oder evtl. auch die

Straßenseite wechseln. Dies bedeutet nicht Rückzug oder klein beigeben. Als erste Maßnahme ist es wichtig, dass Ihr Hund niemanden mehr belästigen kann oder sich selbst nicht mehr bedrängt fühlt. Sie brauchen Begegnungen nicht grundsätzlich zu meiden, sondern können sie überlegt angehen.

Sagen Sie Ihrem Vierbeiner, was zu tun ist. Vielen Hunden hilft es, wenn sie beim Vorbeigehen eine Aufgabe haben. Meist reicht es aus, wenn Sie Ihrem Hund z.B. das Signal zum Mitlaufen an lockerer Leine oder Fußgehen geben und mit etwas Abstand vorbeigehen. Der Hund muss das Signal in dem Moment erhalten, in dem er den anderen zwar wahrnimmt, sich aber noch auf Ihre Anweisung konzentrieren kann. Fürs ruhige Vorbeigehen wird er selbstverständlich belohnt. Geben Sie eine Belohnung allerdings erst dann, wenn der Hund einige Schritte gut vorbeigegangen ist und sich nicht mehr nach der Person umdreht. Einem unsicheren Hund kann es helfen, wenn Sie beim Vorbeigehen den anderen freundlich grüßen. Er spürt durch Ihren lockeren Tonfall und Ihre entspannte Körperhaltung, dass die Begegnung völlig unspektakulär ist.

Das Signal, um Blickkontakt zu Ihnen aufzunehmen, kann eine zusätzliche Hilfe sein. Einige Hunde tun sich leichter, wenn Sie bei Begegnungen etwas tragen dürfen. Sie sind dann so damit beschäftigt und werden dafür selbstverständlich auch gelobt, so dass der entgegenkommende Mensch fast dabei in den Hintergrund gerät. Wichtig bei zusätzlichen Hilfen wie Blickkontakt und Tragen ist, dass Sie diese auch sonst ab und an auf dem Spaziergang einsetzen. Werden Sie nur bei Begegnungen verwendet, machen sie den Hund dann erst recht aufmerksam auf die Besonderheit der Situation.

Überprüfen Sie Ihr eigenes Verhalten. Gibt es eine Stimmungsübertragung? Fühlen Sie sich bei manchen Begegnungen unsicher (einsame Gegend, Dunkelheit o.Ä.) und sind ganz froh über den Hund an Ihrer Seite? Waren Sie bisher zu übervorsichtig? Oder haben Sie diesen Situationen aus Sorge, der Hund könnte andere belästigen, vermehrt Aufmerksamkeit geschenkt? Dadurch empfindet der Hund solche Begegnungen als etwas Besonderes und reagiert entsprechend. Wenn Sie Ihrem Hund neutrales Vorbeigehen beibringen möchten, ist es wichtig, selbst Vorbild zu sein: Ruhig und zielstrebig gehen, ohne zu zögern, ob Sie jetzt stehen bleiben oder weitergehen sollen.

Lernen Sie, Ihren Hund zu lesen. Wann nimmt er entgegenkommende Menschen wahr? Was sind seine Aufregungszeichen (Stellung der Ohren, Stirnfurche, Gang, Rutenhaltung)? In welchem Moment wird er zu einem Blitzstart zum Gegenüber ansetzen? Wie viel Abstand benötigt er, um sich noch wohlzufühlen und entspannt vorbeizugehen? Probieren Sie aus, ob dies auf Gehwegbreite möglich ist, es ausreicht, wenn Sie ihn auf der abgewandten Seite führen oder in eine Einfahrt ausweichen usw.

Kontaktaufnahme erlaubt?

Viele Menschen stehen Hunden wohlgesonnen gegenüber und möchten gerne mit ihnen Kontakt aufnehmen, verhalten sich dabei jedoch ein wenig ungeschickt. Sie verwenden in bester Absicht Signale, die vom Hund missverstanden werden können, wie schnelles, direktes Zugehen auf ihn, sich über ihn beugen oder ihn von oben her anfassen. Mit Hunden nicht so vertraute Menschen können auch nicht wissen, dass es durchaus individuelle Unterschiede im Verhalten gibt. So genügt bei einem von (fast) allem begeisterten Labrador manchmal ein Blick, ein dezentes Zuwenden, ein Atemholen zum ersten Satz und schon haben die zunächst interessierten Passanten einige Kilo begeisterte Dynamik vor sich. Das wird den meisten verständlicherweise dann doch zu viel und sie versuchen, den kontaktfreudigen Vierbeiner wieder wegzuschieben mit »Nein«. »Aus«. »Nicht so stürmisch!« Leider wird die dabei verwendete Gestik und Stimmlage von vielen Hunden ganz anders wahrgenommen als gewünscht oder vom Labrador oftmals so interpretiert: Noch nicht genügend Freude, soll ich mich noch mehr anstrengen?

Wenn Sie danach gefragt werden, ob Ihr Hund gestreichelt werden darf, wird Ihre Entscheidung davon abhängen, wie Ihr Hund grundsätzlich auf Menschen reagiert und in welcher Situation Sie sich gerade befinden. Handelt es sich zum Beispiel um einen gutmütigen, belastbaren Vierbeiner, könnte er gerne gestreichelt werden. Geben Sie evtl. eine entsprechende Anleitung dazu, vor allem Kinder sind da sehr aufgeschlossen, wenn man ihnen zeigt, wie die Kontaktaufnahme mit dem Hund erfolgen kann: Nicht von oben über das Tier beugen, nicht sogleich umarmen oder auf den Kopf tätscheln, sondern erst beschnuppern lassen, z.B. die Hand hinhalten, und ihn dann behutsam an den Seiten streicheln. Beobachten Sie Ihren Hund dabei, Sie kennen ihn und seine Reaktionen am besten. Ist er noch neugierig interessiert, weicht er aus, wendet er sich ab? Spätestens dann sollten Sie den Kontakt abbrechen und dem Hund einen angemessenen Abstand ermöglichen.

Möchten Sie keinen Kontakt, weil Ihr Hund diesen nicht schätzt oder es gerade ungünstig ist, müssen Sie sich für eine Absage nicht rechtfertigen. Ein kurzer, freundlicher Gruß oder Hinweis genügt und Sie gehen weiter. Am besten ist es, schon von vornherein etwas Abstand zu wahren, den Hund an Ihre andere Seite zu nehmen oder Desinteresse auszustrahlen.

Überfallsartige Begeisterungsausbrüche von Fremden sind zum Glück nicht die Regel, überraschen aber immer wieder Hund und Mensch. Vermitteln Sie trotzdem Ihrem Hund das Gefühl, dass Sie die Sache unter Kontrolle haben und regeln können. Auch bei einem sehr belastbaren und menschenfreundlichen Hund sollten Sie nach einer kurzen Schrecksekunde die Situation zunächst einmal beenden und etwas Abstand zwischen Hund und Menschen bringen. Bleiben Sie dabei möglichst ruhig und freundlich.

Bei manchen Hundepersönlichkeiten wäre Streicheln durchaus erlaubt, ist zum aktuellen Ausbildungsstand allerdings fast unmöglich, weil der Vierbeiner seine Freude über das Zusammentreffen mit vollem Körpereinsatz zum Ausdruck bringt. Auch der überschwängliche Hund kann (Ausdauer und Konsequenz des erziehenden Menschen vorausgesetzt) lernen, die Menschen angemessen zu begrüßen. Üben Sie das passende Begrüßungsverhalten mit ausgewählten Personen, die sich an Ihre Anweisungen halten.

Erst wenn er hierbei nicht mehr hochspringt, darf er gestreichelt werden.
Dabei gilt: Hund nicht direkt anschauen, mit ruhigen Bewegungen seitlich am Kopf streicheln, Kontakt nach wenigen Sekunden wieder beenden.

Erkennen Sie, wann der Hund losstarten möchte. Verpassen Sie den richtigen Moment, ...

③

Üben Sie zunächst nur die ruhige Annäherung an Personen. Halten Sie etwas Abstand oder stehen Sie seitlich versetzt, so dass sich der Hund nicht direkt gegenüber der Person befindet. Wiederholen Sie diesen Übungsschritt mehrfach mit unterschiedlichen Personen.

②

... ist unerwünschtes Verhalten fast unvermeidlich.

Bis der Hund gelernt hat, in solchen Situationen ruhig zu bleiben, sollte er bei Alltagsbegegnungen möglichst nicht gestreichelt werden. Vor allen Dingen dann, wenn Sie keinen Einfluss darauf nehmen können, wie sich die Kontaktperson verhält. In der Regel führt es zu Rückschritten, wenn der Hund zwischendurch die Erfahrung machen kann, dass er doch ab und an hochspringen und stürmisch begrüßen kann.

Akzeptieren Sie, wenn Ihr Hund dem Kontakt zu fremden Menschen nichts abgewinnen kann. Erlauben Sie ihm seinen erforderlichen Abstand zu wahren, lassen Sie ihn ausweichen, z.B. einen Bogen gehen, oder bringen Sie sich selbst zwischen Hund und Fremdperson. Lernen Sie »Nein« zu sagen, wenn Sie keinen Kontakt zulassen möchten und zwar ehe die Situation zu belastend wird für den Hund.
Die Aussage: »Mein Hund hat leider Hautpilz, Flöhe o. Ä.« schreckt immer noch die meisten der allzu kontaktfreudigen Passanten ab.

Eine Kontaktaufnahme betrifft nicht nur den Hund, sondern gilt manchmal auch Ihnen. Fast jeder Hundehalter kennt belehrende oder negative Äußerungen, auf die man nur manchmal eine passende Antwort parat hat. Außenstehende können nicht wissen, dass Ihr Hund noch in der Ausbildungsphase steckt, er bestimmte Situationen (noch) nicht meistern kann oder Sie schon sehr stolz auf das Erreichte sind. Von Ihrem Gegenüber wird dies vielleicht noch nicht als ausreichend angesehen und er hält Ratschläge parat. Versuchen Sie ruhig zu bleiben, Ihre Anspannung bleibt dem Hund nicht verborgen, und beenden Sie Diskussionen so souverän wie möglich. Sie können ja daheim in Ruhe nochmals über die Ratschläge nachdenken.

Oftmals ist es am sinnvollsten (und Nerven schonend), mit einem kurzen Gruß einfach weiterzugehen. Wenn es die Situation erlaubt, habe ich gute Erfahrungen damit gemacht, mit wenigen Worten das Verhalten meines Hundes zu erklären und auszuführen, wie ich daran arbeite, um eine Verbesserung zu erzielen. Erstaunlicherweise zeigen sich dann viele recht interessiert. Außerdem beruhigt dieses Vorgehen manche, zunächst auch ein wenig ungehaltene Passanten. Sie fühlen sich in ihrer Angst oder ihren Vorbehalten ernst genommen und irgendwie mit einbezogen.

Begegnung mit Artgenossen

Das Zusammentreffen mit anderen Hunden und ihren Haltern bietet viel Platz für Meinungsverschiedenheiten. Einige Hundehalter freuen sich über jede Begegnung, damit ihr Vierbeiner die nötigen Sozialkontakte knüpfen kann. Andere gehen ihnen möglichst aus dem Weg, weil ihr Hund den Kontakt nicht so schätzt. Eine Schwierigkeit beim Zusammentreffen mit Hunden ist, dass man oft nicht einschätzen kann, wie der andere Hund reagiert. Und Sie haben in der Regel nur wenig bis gar keinen Einfluss auf den fremden Hund. Sie können sich nur auf das Verhalten Ihres Vierbeiners konzentrieren und darauf, ihn entsprechend anzuleiten.

Häufig sieht man Hunde, die sich angeleint »kontaktieren«. Die müssen sich doch guten Tag sagen, sie sollen sich doch beschnuppern dürfen, ist die Aussage der Besitzer. Das kann gut gehen – muss es aber nicht! Unterbinden Sie im Interesse Ihres Hundes einen solchen Kontakt. Er ist durch die Leine in seinem Aktionsradius erheblich eingeschränkt und kann dadurch kein angemessenes Verhalten bei der Annäherung zum Artgenossen zeigen.

Kommt Ihnen ein Halter mit angeleintem Hund entgegen, gebietet es die Höflichkeit, dass Sie Ihren eigenen Hund zurückrufen bzw. bei sich behalten, bis geklärt ist, ob die Hunde Kontakt haben dürfen. Es spielt auch keine Rolle, dass Sie selbst Ihren Hund in diesem Gebiet/dieser Situation problemlos ohne Leine laufen lassen können. Umgekehrt erhoffen Sie sich ja ebenfalls Rücksichtnahme und schätzen es wahrscheinlich nicht besonders, wenn ein freilaufender Vierbeiner einfach mit Ihrem (vielleicht aus gutem Grund) angeleinten Tier Kontakt aufnimmt. Beim Vorbeigehen am anderen Team können Sie gerne etwas Abstand einhalten oder Ihren Hund auf der abgewandten Seite führen. Vor allem dann, wenn Sie bemerken, dass der andere Halter Schwierigkeiten hat, seinen Hund gut zu kontrollieren, oder wenn Ihr eigener Hund sich dann wohler fühlt.

① Durch eine geschickte Wegführung müssen die beiden Hunde nicht hautnah aneinander vorbeigehen ...

② Die Begegnung gelingt vorbildlich.

③ Wie viel Abstand würde Ihr Hund in dieser Situation benötigen?

Wenn Sie einem freilaufenden Vierbeiner begegnen, rufen Sie am besten Ihren Hund zunächst zu sich zurück. Wollen Sie im Moment keinen Hundekontakt zulassen, leinen Sie den Hund an und gehen weiter.

Kann Ihr Hund Kontakt haben, behalten Sie ihn trotzdem noch bei sich, bis Sie sich mit dem anderen Hundehalter abgesprochen haben. Nicht immer haben die freilaufenden Hunde dann auch wirklich Interesse aneinander. Manchmal beschnüffeln sie sich kurz und wenden sich dann deutlich voneinander ab. Ihre ideale Vorgehensweise wäre, nun ebenfalls mit Ihrem Hund weiterzugehen. Er hat es doch gut gemacht! Wenn die Hunde gezwungen sind, sich (evtl. sogar auf beengtem Raum) länger miteinander zu beschäftigen, weil die Hundehalter stehen bleiben und sich unterhalten, können sich auch aus harmlosen Begegnungen angespannte Situationen entwickeln. Nicht jeder Hund ist so souverän, dass er in solchen Situationen weiterhin den anderen nicht beachtet bzw. die Aktionen des anderen ignorieren kann.

7 | BEGEGNUNGEN – MENSCHEN UND HUNDE GEHÖREN ZUM ALLTAG

Artgenossen im Fokus

Manche Hunde sind ganz fasziniert vom Artgenossen, sie setzen alles dran, um mit diesem Kontakt aufzunehmen. Die Aufmerksamkeit auf ihren Besitzer und seine Wünsche ist gleich null. Gerade junge Hunde oder solche, für die das Zusammentreffen in der Regel automatisch Spiel und Spaß bedeutet und die nie gelernt haben, sich in Anwesenheit von Artgenossen auch auf den Besitzer zu konzentrieren, tun sich hier sehr schwer.

Häufig entwickelt sich das aufgeregte Ziehen aus Vorfreude schleichend und wird vom Hundehalter erst mal nicht bewusst wahrgenommen. Man kennt den Weg zur Hundewiese oder dem Treffpunkt mit dem Hundefreund. Im Bestreben, möglichst schnell dorthin zu kommen, beginnt der Hund zu ziehen, wird zwar ab und an etwas getadelt oder auch mal zurückgehalten, erreicht aber in der Regel durchaus sein Ziel: Das Zusammentreffen mit dem anderen Hund.

WAS KÖNNEN SIE TUN?

Bleiben Sie ruhig und gelassen. Wenn Sie versuchen, den Hund zu beruhigen, indem Sie auf ihn einreden oder ihn mit Leckerchen füttern, nimmt er dies entweder überhaupt nicht wahr oder fasst es als Lob für sein aufgeregtes Verhalten auf. Genauso wenig sinnvoll ist es, den Hund durch Schimpfen, Leinenrucks oder hektische Aktionen korrigieren zu wollen. Der Hund kann die Korrekturen in diesem Moment nicht umsetzen. Er lernt, dass aufgeregtes Verhalten in diesen Situationen durchaus angebracht ist, Sie sind es ja auch.

Überprüfen Sie Ihre innere Haltung. Wenn Sie entscheiden, dass Sie gerade keinen Kontakt zulassen wollen, dann handeln Sie auch danach, werden Sie nicht unsicher und lassen Sie sich nicht überreden. Sie brauchen dabei kein schlechtes Gewissen zu haben, Ihr Hund muss nicht zu jedem anderen Hund, den er trifft, Kontakt haben, um glücklich zu sein. Wichtig ist nur, dass Sie ihm dies gut vermitteln können.

Trainieren Sie nochmals Leinenführigkeit, Fußgehen oder Abrufen mit verschiedenen Ablenkungen (außer Hunden) und in unterschiedlicher Umgebung, um so den Grundgehorsam und die Aufmerksamkeit auf Sie zu fördern. Ideal ist es, wenn Sie befreundete Hundehalter als Begegnungs-Partner zur Verfügung haben. Hier können Sie so oft vorbeigehen wie nötig. Sie müssen in der Regel auch keine Sorge haben, wenn die Aufgabe nicht gelingt.

Bis erste Lernfortschritte zu erkennen sind, sollten Sie im Alltag etwas Distanz zu anderen einhalten, damit der Hund nicht doch mit einem Blitzstart zum Artgenossen gelangt. Begegnet Ihnen ein ruhiger Vierbeiner, der gut unter Kontrolle ist, können Sie nach und nach die Distanz verringern. Eine gute Möglichkeit ist es, in machbarem Abstand hinter einem ruhigen Fremdhund zu gehen und dann nach einigen Metern wie selbstverständlich umzukehren.

Häufig sind die Vierbeiner zu Beginn einer Begegnung besonders aufgeregt. Gerade befreundete Hunde entwickeln hier oft eine Erwartungshaltung, weil sie wissen, dass gleich ein toller Spaziergang oder die Rennrunde über die Hundewiese folgt.
Die beiden Hundehalterinnen möchten das Zusammentreffen üben.

So wird es schwierig: Der Kurzhaarcolli sitzt angespannt vor seiner Besitzerin und wird durch die Leinenspannung zurückgehalten. Die andere Hundebesitzerin schaut ihn direkt an und signalisiert dadurch ein großes Interesse an ihm

② Das war zu erwarten: Der Hund springt hoch.

③ Viel besser: Etwas mehr Distanz, kein direkter Blickkontakt zu den Hunden, der Colli sitzt neben/hinter seiner Besitzerin.

④ Wenn Sie zu Beginn des Spaziergangs die Hunde an der Leine führen, ist dies eine gute Möglichkeit, um Hunde aneinander zu gewöhnen oder ruhiges Verhalten in Gegenwart anderer zu trainieren.

Manche Vierbeiner legen sich platt auf den Bauch, wenn ein Artgenosse in Sicht kommt und sind kaum mehr zum Weitergehen zu bewegen. Neigt Ihr Hund zu solchen Reaktionen, achten Sie einmal auf seine Körpersprache. In der Regel ist es nämlich kein Spielverhalten, wie oftmals angenommen, oder übermäßige Ängstlichkeit. Wenn der Hund den entgegenkommenden Artgenossen fixiert, um dann plötzlich loszusprinten, ist das eher unfreundlich und unhöflich. Es bedeutet natürlich nicht, dass Ihr Hund aggressiv ist oder etwas passieren muss. Im Interesse aller sollten Sie es allerdings unterbinden. Greifen Sie am besten ein, ehe der Hund sich hinlegt. Beobachten Sie, welche Signale dem Hinlegen vorausgehen. Veränderter Gang, Stellung der Ohren, des Kopfes usw.? Geben Sie ihm spätestens in diesem Moment eine Hilfestellung, beispielsweise das Signal zum Mitgehen oder Blickkontakt mit Ihnen aufnehmen. Gehen Sie dann möglichst nicht in direkter Richtung weiter auf den Artgenossen zu, sondern wenden etwas zur Seite. Der Hund würde sonst mit großer Wahrscheinlichkeit doch wieder schauen und sich hinlegen wollen.

Auf der Freilauf-Hundewiese

Viele Hundehalter gehen davon aus, dass ihr Hund gerne mit Artgenossen zusammentrifft oder mit ihnen spielt. Im Prinzip ist der Kontakt zu Artgenossen wichtig, aber Kontakt ist nicht gleich Kontakt. Es macht einen großen Unterschied, ob der Hund mit einem ihm vertrauten Artgenossen zusammentrifft, den er genau kennt und einschätzen kann und mit dem er auch nicht immer wieder aufs Neue abklären muss, welche Regeln gelten. Oder ob es sich um ein Zusammentreffen mit einer Zufallsbekanntschaft handelt.

Wenn Ihr Hund sich auf jeder Hundewiese wohlfühlt und mit fast jedem Artgenossen zurechtkommt, dürfen Sie sich freuen. Sie müssen dann nicht bei jedem Kontakt überlegen, ob Sie ihn zulassen können oder wie Ihr Hund wohl reagieren wird. Die Regel sind derart unproblematische Hundepersönlichkeiten jedoch nicht.

Vielleicht bedeuten für Ihren Vierbeiner die zufälligen Begegnungen oder das unkontrollierte Zusammentreffen mit mehreren Artgenossen mehr Stress als Freude. Manche Hunde haben zwar das Bedürfnis nach Sozialkontakt zu Artgenossen, sind aber nicht oder nur teilweise dazu in der Lage, sich im Umgang passend und angemessen zu verhalten. Die Ursache dafür kann mangelnde Sozialisierung und Lernerfahrung sein, schlechte Erfahrungen mit anderen Hunden oder eine allgemeine Unsicherheit und Ängstlichkeit des Tieres. Die Hunde fühlen sich beim Kontakt mit Artgenossen schnell überfordert und neigen dann zu Fehlhandlungen. Aufdringliche Spielaufforderungen oder ungestümes Verhalten des Gegenübers verunsichert sie. Im Interesse Ihres Hundes müssen Sie zu zufälligen Begegnungen vermutlich häufig NEIN sagen. Ihr Hund hat mehr davon, wenn er ausgewählte Kontakte mit einzelnen Vierbeinern hat, damit er sich wohlfühlen, positive Erfahrungen sammeln und sicherer werden kann.

Es kommt nicht darauf an, dass der Hund möglichst viele Sozialkontakte hat oder viel Zeit mit Artgenossen verbringt, sondern vielmehr von welcher Qualität die Kontakte sind.

DARAUF SOLLTEN SIE BEIM FREISPIEL ACHTEN:

Es ist durchaus möglich, dass sich Ihr Hund als Teil einer Gruppe anders verhält als sonst. Plötzlich rennt er den Vögeln hinterher oder bellt den Spaziergänger an, was er alleine nicht tun würde, oder reagiert ungewohnt ängstlich, weil er einen der Vierbeiner noch nicht kennt und nur schlecht einschätzen kann.

Wenn Ihr Hund dazu neigt, eigene Wege zu gehen, lassen Sie ihn am besten nie zu lange spielen. Es kann durchaus sein, dass er nach einer kurzen Spiel- oder Kontaktsequenz das Interesse an den Artgenossen verliert und lieber einer Spur nachgeht, den Komposthaufen nebenan aufsucht. Das Spielgelände muss Ausweichmöglichkeiten bieten, damit der Hund jederzeit die Distanz einhalten kann, die ihm angemessen erscheint. Das ist nicht nur für unsichere Vierbeiner nötig, auch im Spiel ist dies ab und an erforderlich.

Der schwarze Hund war im Spiel zu grob und aufdringlich. Der andere zeigt ihm durch eine kurze Drohsequenz, dass er sich mehr Abstand ausbittet. Ist Ausweichen nicht möglich, kann auch eine eigentlich harmlose »Meinungsverschiedenheit« eskalieren.

Glücklicherweise sind diese Hunde sehr vertraut miteinander, denn die Situation könnte jede Menge Konfliktpotential bieten. Die Menschen reden miteinander, ein Hund bekommt vermehrte Aufmerksamkeit und Spielzeug ist ebenfalls vorhanden.

Beobachten Sie Ihren Hund, damit Sie jederzeit eingreifen könnten – auch wenn das Gespräch mit anderen Hundehaltern noch so interessant ist. Bleiben Sie am besten ein wenig in Bewegung.

Die meisten Hunde verhalten sich beim Zusammentreffen mit Artgenossen zunächst ein wenig vorsichtig, teilweise sogar angespannt, vor allem, wenn es sich um einen Erstkontakt handelt. Vielleicht gehen sie sich etwas aus dem Weg oder ignorieren den anderen. Auch Imponieren oder eine kleine Rangelei sind möglich. Eine typische Vorgehensweise ist das gegenseitige Umkreisen mit Beschnüffeln des Gesichtes und der Analregion.

Bisweilen verstehen sich auch fremde Hunde schon bei der ersten Begegnung und lassen sich auf ein gemeinsames Spiel ein. Unter Hunden sehr beliebt sind Rennspiele, bei gut miteinander vertrauten Hunden oftmals auch Kontaktlaufen, Maulringen usw.

Spielen im Sinne von entspannt miteinander umgehen findet meist nur unter Hunden statt, die sich kennen und die eine vertraute Beziehung zueinander haben.

Wenn Hunde miteinander agieren, schaut das manchmal recht ruppig aus. Mal ist der eine der Gejagte oder wird vom Mauseloch vertrieben, mal der andere. Wenn allerdings immer nur ein Hund gejagt wird oder mehrere Hunde immer denselben Hund bedrängen, kann eine zunächst harmlos ausschauende Situation schnell zum Mobbing werden. Sprechen Sie sich dann am besten kurz mit den anderen Hundehaltern ab und stoppen diese Aktionen, indem Sie die Hunde zu sich rufen.

Sie müssen Ihren Hund nicht sofort vor allem beschützen, er kann und muss auch seine eigenen Erfahrungen im Umgang mit Artgenossen machen. Dazu gehört, dass er auch mal zurechtgewiesen wird, ein wenig gestresst oder verunsichert ist. Aber eben nur so lange und so intensiv, dass er es noch bewältigen kann.

Beobachten Sie die Körpersprache Ihres Hundes. Wenn er nach einer Attacke eines Artgenossen zwar kurz innehält, sich dann jedoch wieder den anderen zuwendet und weiterspielt, war das wohl für ihn noch in Ordnung und Sie brauchen nicht einzugreifen. Zeigt er zunehmend Beschwichtigungs-Gesten, wird immer unruhiger und hektischer oder sucht bei Ihnen Schutz, sind dies Zeichen, dass er sich nicht mehr wohlfühlt. Spätestens wenn er versucht, Abstand zu den Artgenossen zu bekommen, indem er wegläuft oder die anderen mit Schnappen auf Distanz hält, sollten Sie eingreifen und den Kontakt beenden.

Kommt es zu einer Rauferei, gibt es leider keine Patentlösung. Im Idealfall bemerken Sie rechtzeitig, dass sich eine solche Situation anbahnt, die Hunde werden langsamer und steifer in ihren Bewegungen, umkreisen sich, stehen sich drohend gegenüber. Jetzt haben Sie evtl. noch die Möglichkeit, Ihren Hund auf sich aufmerksam zu machen. Sprechen Sie ihn ruhig, aber deutlich an und entfernen Sie sich. Gut ist es, wenn der andere Hundehalter ebenfalls in entgegengesetzter Richtung weggeht.

Was könnten Sie tun bzw. sollten Sie unterlassen, wenn die beiden Kontrahenten bereits mitten in der Auseinandersetzung stecken?

Laute, aufgeregte Rufe Ihrerseits werden kaum mehr wahrgenommen, puschen die Situation unnötig hoch oder bestärken die Tiere in ihrem Verhalten. Evtl. hilft es, ein unerwartetes lautes Geräusch zu produzieren oder eine Tasche, einen Rucksack o. Ä. neben/zwischen die Hunde zu werfen. Die so entstandene Schrecksekunden müssen dann allerdings beide Hundehalter nützen, um die Tiere zu trennen.

Rufen Sie keinesfalls den auf dem Boden liegenden Hund zu sich. Er müsste sich bewegen, um dem Aufruf Folge zu leisten, was aller Wahrscheinlichkeit nach eine weitere Reaktion des Kontrahenten auslösen würde. Sie könnten höchstens eine kleine »Kampfpause« abwarten, dann zuerst den vermutlich überlegenen Vierbeiner und anschließend den anderen rufen. Dies setzt voraus, dass die Halter noch die Coolness haben, sich abzusprechen und die Hunde über den dafür erforderlichen Gehorsam verfügen.

Machen Sie sich bewusst, dass ein körperliches Eingreifen – auch für Sie – keinesfalls ungefährlich ist. Trennen Sie ineinander verbissene Hunde keinesfalls, in dem Sie versuchen, die beiden auseinanderzuziehen – schlimme Risswunden sind meist die Folge. Sie könnten – sofern kräftemäßig machbar und Sie zu zweit sind – beide Hunde sehr fest gegeneinanderdrücken. Der dadurch entstehende Druck auf den Fang des Hundes genügt manchmal, damit dieser den Fang öffnet. Sobald die Tiere voneinander ablassen, müssen sie voneinander weggedrängt werden.

Kapitel 8

Die passende Beschäftigung

Viel hilft viel?

Für den Hundehalter stehen unendlich viele Möglichkeiten zur Auswahl, seinen Hund auszulasten und zu beschäftigen. Aber trotz oder gerade wegen des Überangebots und der teilweise sehr unterschiedlichen Meinungen dazu, ist es nicht einfach, das Passende herauszufinden. Zum einen stellt sich die Frage nach der geeigneten Beschäftigungsform und zum anderen nach der richtigen Dosierung.

Informiert man sich in einschlägigen Foren/Hundezeitungen, bei anderen Hundehaltern oder im Angebot der einzelnen Hundeschulen, entsteht leicht der Eindruck, dass Beschäftigung das A und O der Hundehaltung ist und jeder Tag mindestens ein Beschäftigung-Highlight aufweisen sollte. Hundehalter, die ihrem Vierbeiner diese Aktivitäten nur begrenzt bieten, haben fast ein schlechtes Gewissen oder fühlen sich im Zugzwang, nun ebenfalls tätig zu werden, weil man das heutzutage so macht.
Daher tappen Besitzer und Hund oft unmerklich und in bester Absicht in die Beschäftigungsfalle. Man möchte nichts versäumen oder seinem Hund etwas vorenthalten, was ihn erfreuen oder bereichern könnte. Er soll gut erzogen werden, ausgelastet sein, seine Talente entfalten können und genügend Sozialkontakte haben.
Die vielen Unternehmungen erfordern jedoch vom Hund viel Aufmerksamkeit und große Konzentration. Mancher Hund ist dadurch ständig auf Empfang, die kleinste Regung seines Menschen könnte ein neues Vorhaben bedeuten. Die einzelne Aktivität mag dabei durchaus geeignet sein, in der Summe ist es für manche Hundepersönlichkeiten einfach zu viel.

Es ist notwendig, den Hund so zu beschäftigen, dass er seine Fähigkeiten nutzen und einsetzen kann.

Jeder Hund braucht ein gewisses Maß an körperlicher Bewegung und mentaler Herausforderung, um sich wohlzufühlen. Aber eben nicht nur und vor allem nicht ständig. Damit Hunde ausgeglichen sind, die guten Eigenschaften zeigen können, wegen derer man sich evtl. genau für diesen Hund entschieden hat, und belastbar bleiben, ist Ausgewogenheit nötig – eine gute Balance zwischen richtiger Betätigung und Ruhephasen.

Für jeden Hund kann etwas Anderes genau das Richtige sein. Dies hängt von seinen Charaktereigenschaften, den körperlichen Fähigkeiten und natürlich auch von den Möglichkeiten des Besitzers ab.

8 | DIE PASSENDE BESCHÄFTIGUNG

Aber wie erkennen Sie, ob Ihr Hund passend ausgelastet ist? Anhaltspunkte können sein:

- Er nimmt interessiert Anteil an seiner Umgebung.
- Er regt sich nicht gleich wegen jeder Kleinigkeit auf.
- Er kommt von ganz alleine zur Ruhe, wenn es gerade einmal nichts zu tun gibt, und kann auch tagsüber immer wieder entspannte Schlafpausen einlegen.
- Wenn Beschäftigung geboten wird, ist er aufgeschlossen, interessiert, eifrig, aber nicht übererregt und überdreht.

Wenn es darum geht, zu erkennen, ob Ihr Hund zu viel, zu wenig oder fehlbeschäftigt ist, wird es schwieriger. Die gezeigten Verhaltensweisen schauen nämlich leider oft recht ähnlich aus (und/oder sind ein Hinweis auf körperliche Erkrankungen).

- Er ist unkonzentriert, aufgeregt, angespannt, kommt kaum zur Ruhe.
- Er ist er häufig auf der Suche nach Beschäftigung und Ansprache.
- Er reagiert zunehmend stärker auf Außenreize (Türklingel, visuelle Reize).
- Er wird schnell unruhig, winselt – wenn er kurz abwarten muss.
- Körperliche Symptome wie vermehrtes Hecheln, Trinken, Schuppenbildung, veränderter Stuhlgang.

FÜR UNTERBESCHÄFTIGE

Ein weiterer Anhaltspunkt, neben den oben genannten Punkten: Der Hund fängt erst dann an, unruhig zu werden und nach Aktivitäten zu suchen, wenn er keine Möglichkeit hat, sich richtig auszutoben, oder wenn das Beschäftigungsangebot – aus welchen Gründen auch immer – für einige Zeit reduziert werden musste. Nach ausgiebigen Spaziergängen, einer Trainings-/Beschäftigungsrunde oder einem Spiel mit dem Hundekumpel kommt er in der Regel schnell zur Ruhe und schläft entspannt.

Abhilfe:

- Auslastung schrittweise erhöhen, bis Sie den optimalen Bedarf herausgefunden haben. Ist der Hund danach zufrieden, kommt er schneller zur Ruhe?

- Ausprobieren, ob der Hund eher vom Kopf her ausgelastet werden sollte oder ob ihm mehr körperliche Bewegung hilft.

- Gibt es Beschäftigungen, die Ihrem Hund von seiner Rasse her liegen und die Sie ihm bieten können?

- Damit Sie nicht übers Ziel hinausschießen: Beschäftigungen vermeiden, die schnell hochpuschen. Bieten Sie ihm eher Nasenarbeit, Apportieren, Körperschulung oder Elemente aus Dogdancing an.

- An unterschiedlichen und unbekannten Orten spazieren gehen. In jeder Umgebung ergeben sich neue Erkundungs- oder Beschäftigungsmöglichkeiten (Hindernisse, andere Untergründe für Suchspiele, Apportieren aus hohem Gras, Wasser usw).

8 | DIE PASSENDE BESCHÄFTIGUNG

Dieser aktive Hund benötigt ein ausgewogenes Maß an geistiger und körperlicher Beschäftigung sowie ausreichenden Ruhephasen.

FÜR ÜBERBESCHÄFTIGTE

Auch hier ein zusätzlicher Anhaltspunkt: Der Hund kommt nicht zur Ruhe, obwohl er jede Menge Beschäftigung für Kopf und Beine hat. Nach Unternehmungen dreht er oftmals noch richtig auf und braucht einen längeren Zeitraum, bis er etwas entspannen kann.

Notbremse:
- Beschäftigungsprogramm reduzieren, evtl. muss der eine oder andere Programmpunkt für einige Wochen ganz gestrichen werden.

- Vermehrt ruhige Spaziergänge, in denen nicht zusätzlich geübt oder beschäftigt wird.

- Keine aufregenden, actiongeladenen Spiele wie Balljagen, wilde Zerrspiele usw.

- Geeigneter sind ruhig verlaufende Beschäftigungen wie Suchen, Körperarbeit oder Konzentrationsspiele – zunächst in geringer Dosierung, bis Sie das passende Maß gefunden haben.

- Spiel- und Aktivitäts-Angebote innerhalb der Wohnung reduzieren, vor allen dann, wenn der Hund ständig hinterherläuft und schaut, was als nächstes passiert.

- Für Ruhephasen sorgen und darauf achten, dass der Hund dabei nicht gestört wird.

- Einige Hunde (und Besitzer) müssen zur Ruhe kommen und das Ruhigbleiben erst lernen (siehe ruhiges Warten und Rückzugsort).

- Der Übergang ist oft nicht einfach! Viele Hunde drehen in der ersten Zeit erst recht auf und fordern die Beschäftigung ein, die ihnen zuvor auch geboten wurde. Manchmal ist es daher notwendig, die Beschäftigung in kleinen Schritten herunterzufahren, damit Hund und Mensch durchhalten können.

Gemeinsame Aktivitäten sind mehr als nur ein Beschäftigungsprogramm. Ob Sie nun gemeinsam joggen, Gegenstände suchen oder Tricks lernen, oft entdecken Sie dabei ganz neue Seiten und Fertigkeiten, die Sie so vielleicht bei Ihrem Hund nicht vermutet hätten.

Wenn beispielsweise der Fokus sehr auf einem bestimmten Alltagsproblem liegt, können einfache Aufgaben oder neue Herausforderungen ohne jeden Erwartungsdruck Hund und Mensch sehr gut tun und wieder Spaß und Erfolg bei der gemeinsamen Arbeit vermitteln.

Von ruhig bis actionreich

Es ist unmöglich, im Rahmen dieses Buchs die vielen unterschiedlichen Angebote zu besprechen, zudem gibt es ausreichend Ratgeber, die sich ausschließlich diesem Thema widmen. Daher finden Sie hier lediglich einige Kurzbeschreibungen von Beschäftigungen, die sich für viele Hunde gut eignen und relativ einfach umzusetzen sind. Probieren Sie aus, wofür Ihr Hund Talent zeigt, woran Sie beide Spaß haben oder was vom Organisatorischen her machbar ist. Oftmals fahren Sie am besten, wenn Sie sich für eine Aktivität entscheiden, die dem Vierbeiner liegt und seinem Naturell entspricht.

Für manche Beschäftigungen braucht es Übungspartner oder Ausbildungskurse, weil Ablenkung, Hilfspersonen oder ein spezielles Equipment erforderlich sind. Wenn Sie eine bestimmte Beschäftigung intensiver betreiben möchten, ist es sinnvoll, unter Anleitung eines erfahrenen Trainers zu üben. Gemeinsames Arbeiten in einer harmonischen Gruppe oder mit einem passenden Trainingspartner kann viel Spaß machen und neue Impulse geben. Wichtig ist, dass die Lernschritte bzw. Ziele auf die Bedürfnisse und Möglichkeiten der einzelnen Teams abgestimmt sind und sich Hund und Mensch im Lernumfeld wohlfühlen. Lassen Sie – zumindest zunächst – Ihren Ehrgeiz beiseite und freuen Sie sich über die Fähigkeiten Ihres Hundes.

Sicherheit geht vor! Weder Hund noch Menschen dürfen gefährdet werden.
Verwendete Gegenstände müssen groß genug sein, damit sie nicht verschluckt werden können und keine Gefahr für den Hund darstellen, wenn sie zerkaut werden sollten.
Hindernisse müssen stabil und sicher gelagert sein und eine griffige Oberfläche aufweisen.

Erwünscht oder doch verboten? Wenn Sie den Hund ermuntern, sein Spielzeug auf Tischen und Arbeitsplatten aufzuspüren, er ansonsten dort aber nichts zu suchen hat, kann ihn dies irritieren. Befürchten Sie, dass sich eine Beschäftigung nachteilig auswirken könnte, überlegen Sie, ob Sie diese entsprechend abwandeln können. Eine Möglichkeit ist es, die Tätigkeit auf Signal zu setzen: eigenmächtiges Suchen im Unterholz nach Wildspuren ist tabu – »Suchen« auf Signal, am besten in Kombination mit einem Ritual, wie Suchengeschirranziehen o. Ä. ist erwünscht und erlaubt.
Nicht überfordern: Achten Sie auf Ermüdungs- oder Stressanzeichen Ihres Vierbeiners, besonders wenn Sie neue Aufgaben ausprobieren, von denen Sie noch nicht wissen, ob sie geeignet sind. Aufgaben dürfen keinesfalls erzwungen werden oder den Hund körperlich bzw. mental überfordern.

8 | DIE PASSENDE BESCHÄFTIGUNG

Spielen mit dem Hund

Ein gemeinsames Spiel ist eine gute Möglichkeit, in entspannter Atmosphäre miteinander vertraut zu werden, sich noch besser kennen zu lernen, Bindungen aufzubauen und zu festigen. Wie und in welcher Form Sie miteinander agieren, hängt stark davon ab, was Ihnen möglich ist und mit welcher Hundepersönlichkeit Sie zusammenleben.

SPIELEN OHNE SPIELZEUG

Wenn Hundehalter ermuntert werden, »einfach so« mit ihrem Hund zu spielen, sind manche erst mal ein wenig hilflos oder ungeschickt. Viele benötigen einen Gegenstand, um mit dem Hund spielen zu können, oder sind unsicher und möchten nichts falsch machen. Es wird ja auch immer wieder darauf hingewiesen, dass es aus einer Spielsituation heraus zu Auseinandersetzungen zwischen Hund und Mensch kommen kann. Ein Spiel wird von Hunden in der Tat auch dazu genutzt, um Grenzen auszutesten. Dazu kommt, dass manche Hunde recht körperbetont spielen.

Auf Sozialspiele mit Rennen, Herumbalgen usw. sollten Sie verzichten, wenn Sie das Verhalten Ihres Hundes noch nicht richtig einschätzen oder auf seine Aktionen nicht angemessen und zügig reagieren können. Ebenso, wenn der Hund dazu neigt, beim Spiel aufgeregt und hektisch zu werden, hochzuspringen oder in die Kleidung zu beißen.

Das Ballspiel ist Teil einer gemeinsamen Aktivität.

Wenn Sie hier jedoch keine Bedenken haben und vertraut mit Ihrem Vierbeiner sind, dann dürfen Sie mit ihm toben, rennen oder ein wenig balgen. Wichtig ist nur: Sie müssen merken, wenn das Spiel kippt und der Hund sich mehr und mehr aufregt. Sie sollten jederzeit in der Lage sein, das Spiel mit ruhigen, aber eindeutigen Signalen abzubrechen, wenn es auszuufern droht. Sie bestimmen, wann begonnen wird und wann das Spiel endet.

Auf der sicheren Seite sind Sie, wenn Sie es ein wenig ruhiger angehen lassen. Schmusen, kuscheln Sie mit Ihrem Hund, streicheln Sie ihn. Legen Sie sich zu ihm auf den Boden, es ist durchaus in Ordnung, wenn der Vierbeiner dabei vorsichtig auf Ihnen herumsteigt, sich dicht an Sie schmiegt oder seinen Kopf auf Ihre Beine legt. Kontaktliegen gibt es auch zwischen Mensch und Hund und fördert die vertrauensvolle und stabile Beziehung.

BÄLLCHEN/SPIELZEUG WERFEN

Objektbezogene Spiele wie Ball oder Frisbee werfen, steht bei vielen weit oben auf der Beschäftigungsliste. Monotones Bällchenwerfen ist jedoch für die wenigsten Hunde eine befriedigende Aufgabe, auch wenn sie anschließend kurzzeitig müde und körperlich ausgelastet sind.

nur kurz zwischendurch oder in Kombination mit anderen Aufgabenstellungen, wie Apportieren, Suchen oder Grundgehorsam einbauen.

Tricks und kleine Aufgaben

Gegenstände suchen, Leckerchen oder Spielzeug auspacken finden die meisten Hunde spannend. Diese Aufgaben lassen sich gut zwischendurch daheim in den Alltag einbauen. Ebenso kleine Haushalts-Aufgaben wie Einkäufe tragen, Socken sortieren, die Zeitung bringen oder das eigene Spielzeug aufräumen. Diese Aufgaben sind auch für den Hundesenior, der nicht mehr sehr viel Wert auf sportliche Aktivität legt, oder für einen gesundheitlich eingeschränkten Vierbeiner machbar. Und mancher Hund ist zufrieden und für einige Zeit vollauf beschäftigt, wenn er einen großen mit Futter gefüllten Kong auslecken kann.

Auch wenn viele dieser Aufgaben fast nebenbei gestellt werden können, erlernen muss sie der Hund trotzdem. Auch hierbei sind das Timing und Ihre Körpersprache ein wichtiger Anhaltspunkt für den Hund, genauso wie ein ruhiges Lob. Der Hund muss erkennen, dass er auf dem richtigen Weg ist, darf aber nicht durch zu viel Begeisterung abgelenkt werden. Daher lassen sich solche Aufgabe sehr gut mit dem Clicker aufbauen. Zerlegen Sie eine komplexe Handlung in mehrere Lernschritte, für die Sie den Hund natürlich jeweils belohnen.

Beispiel: *Sie möchten Ihrem Hund beibringen, Ihnen die Socken auszuziehen:*

Im ersten Schritt nehmen Sie eine Socke in die Hand, ermuntern den Hund, sie mit den Zähnen zu greifen, festzuhalten und mit ihr 1 oder 2 Schritte von Ihnen wegzugehen.

In einem weiteren Schritt ziehen Sie sich die Socke über Ihre Hand (da lässt sie sich leichter abziehen als vom Fuß), jedoch so, dass noch ein gutes Stück vorne frei bleibt, damit der Hund sie gut fassen kann. In den nächsten Lernschritten ziehen Sie sich die Socke immer weiter über die Hand.

Einige Hunde werden zu regelrechten Balljunkies, die derart auf das Wurfobjekt fixiert sind, dass sie kein Interesse mehr am Spielpartner Mensch haben, dieser wird sozusagen zur Ballwurf-Maschine. Die abrupten Starts und Stopps sind zudem eine extreme Belastung für Knochen, Bänder und Gelenke. Leicht erregbare Hunde werden noch aufgeregter und kommen unter Umständen gar nicht mehr zur Ruhe!
Natürlich können Sie zwischendurch Ballwurfspiele anbieten, es spricht nichts dagegen, dass sich der Hund dabei auch richtig auspowert. Als alleinige Beschäftigung sind Sie eher ungeeignet, besser

Ruhiges Balancieren über einen Baumstamm – anhalten und sitzenlassen – wenden.

Haben Sie den Eindruck, dass der Hund das Prinzip AUSZIEHEN verstanden hat, können Sie seine Aktion mit dem dafür vorgesehenen Signal begleiten. Erst wenn das Sockenausziehen an Ihrer Hand gut gelingt, ziehen Sie sich die Socke über Ihren Fuß, zunächst ebenfalls wieder nur zur Hälfte usw.

Kleine Geschicklichkeits-Aufgaben ohne Hektik sind oft während des normalen Spaziergangs ohne großen Aufwand möglich und machen den meisten Hunden Spaß. Einige profitieren sichtlich davon: Motorisch ungeschickte Tiere können mehr Körpergefühl und Balance erlernen und mancher Hundesenior erhält dadurch seine Mobilität. Es geht bei diesen Aufgaben nicht um Geschwindigkeit und Action, sondern um ausbalancierte und bewusst ausgeführte Bewegungen.

Beispiel: *Gehen über einen Baumstamm*
Die meisten Vierbeiner springen am liebsten auf oder über einen Stamm, rennen auf ihm entlang, springen wieder ab. Ruhige und gezielt ausgeführte Bewegungen sind für manche Hunde ungewohnt und fallen anfangs schwer. Helfen Sie dem Hund, einen lang-

Steigen Sie mit Ihrem Hund über kleine Hindernisse und Unebenheiten – ganz bewusst Pfote für Pfote (gutes Schuhwerk vorausgesetzt).

samen, aber bewussten Bewegungsablauf auszuführen: aufsteigen, Schritt für Schritt entlanggehen, evtl. zwischendrin anhalten, sitzen oder gar wenden und dann langsam wieder absteigen.

Fertiges Hundespielzeug gibt es in unzähligen Variationen. Häufig ist es so konzipiert, dass der Hund eine gewissen Geschicklichkeit beweisen muss, um Futterbröckchen zu erreichen, die im Spielzeug versteckt sind: Mit der Pfote drücken, mit der Nase schieben, an einem Seil ziehen o. Ä.

Neben der Beschäftigung für den Hund bietet es dem Hundehalter viel Raum für Beobachtungen. Wie reagiert der Hund, wenn er nicht gleich zum Erfolg kommt? Wird er hektisch, arbeitet er ruhig und ausdauernd oder verliert er schnell das Interesse? Lassen Sie den Hund durchaus erst eine Weile alleine ausprobieren, versuchen Sie nicht gleich zu helfen. Bleiben Sie dabei, wenn Ihr Hund mit solchen Spielzeugen beschäftigt ist, damit Sie notfalls eingreifen oder auch das Spielzeug wegnehmen können, falls Ihr Vierbeiner zum Zerstören neigt.

① Spielen Sie mit dem Apportiergegenstand, z.B. schnell auf dem Boden oder in der Luft hin- und her bewegen, damit er interessant wird. Werfen Sie den Gegenstand ein Stück weg vom Hund, die meisten Hunde rennen dann hinterher, wenn sich etwas bewegt.

② Lassen Sie dem Hund kurz Zeit, wenn er beim Gegenstand angekommen ist, er darf daran schnüffeln und ihn in Ruhe aufnehmen. Versucht er allerdings, ihn kaputt zu machen (Pfote darauf stellen und zerren, zerreißen …), nehmen Sie ihm das Apportel weg.

Apportieren

Ist geradezu ideal, wenn es darum geht, den Hund gleichzeitig körperlich und mental zu beschäftigen und dabei auch noch den Grundgehorsam mit einzubeziehen. Viele Hunde bieten die ersten Sequenzen des Apportierens bereits von sich aus an, indem sie einen aufgenommenen Gegenstand in die Nähe ihres Menschen zurückbringen, damit z.B. der Ball erneut geworfen werden kann.

Korrektes Apportieren bedeutet: Ein Gegenstand wird geworfen oder abgelegt, der Hund muss solange ruhig warten, bis er das Signal zum Apportieren erhält, läuft dort hin, findet den Gegenstand, nimmt ihn auf, läuft zurück zu seinem Besitzer und gibt diesem den Gegenstand in die Hand aus. Bis diese Handlungskette korrekt gelernt wird, braucht es einige Lernschritte. Die Profis üben daher häufig immer nur einen Teilbereich und setzen dann die einzelnen Teile zusammen.

Hier eine kurze Anleitung, wie Sie mit Ihrem Hund das Zurückbringen von Gegenständen trainieren können:
Als Apportiergegenstand eignen sich Futterdummies, Apportierdummies oder ein Spielzeug, das der Hund gut festhalten kann. Für die erste Trainingseinheit wählen Sie ein Gelände mit niedrigem Bewuchs, damit der Hund den Gegenstand gut bemerken kann. Wenn der Bereich etwas geschützt oder abgegrenzt ist, hat der Hund keine großen Möglichkeiten, mit dem Gegenstand wegzulaufen.

Wenn Sie das Apportieren in der Wohnung üben möchten, achten Sie auf eine geeignete Bodenbeschaffenheit.

Mögliche Signale: APPORT, BRING
Idealerweise beherrscht der Hund bereits das Signal fürs Hergeben.

③

Sobald der Hund den Gegenstand aufgenommen hat, feuern Sie ihn an, zu Ihnen zu kommen. Dazu können Sie entweder ein Stück in die entgegengesetzte Richtung rennen oder sich hinsetzen, auf die Knie gehen und den Hund freundlich zu sich locken.

④

Der Hund muss den Gegenstand nicht sofort hergeben. Loben Sie ihn mit ruhiger Stimme, während er das Apportel im Fang hält. Streicheln Sie ihn z.B. ein wenig unter dem Kinn oder an der Brust.

⑤

Geben Sie ihm das Signal zum Hergeben oder Tauschen gegen ein Leckerchen. Nehmen den Gegenstand mit Dank und Wertschätzung entgegen.

Hat Ihr Hund das Grundprinzip begriffen, können Sie Variationen einbauen. Vergrößern Sie die Wurfdistanz, werfen Sie das Apportel ins höhere Gras, in die Wasserpfütze, über einen kleinen Bach usw.

Bei Hunden, die sehr aufgeregt sind

und dazu neigen, allem, was sich bewegt, hinterherzujagen, wird der Gegenstand nicht geworfen, sondern ausgelegt. Entweder von einer Hilfsperson oder Ihnen selbst. Dazu lassen Sie den Hund absitzen oder abliegen, gehen einige Meter ruhig weg, legen das Apportel ab, gehen zurück zum Hund und geben ihm dann das Kommando zum Apportieren.

Suchen

Sie werden staunen, was Ihr Hund riechen und finden kann. Werden die Aufgaben ruhig und systematisch aufgebaut und nicht mit übertriebenen Anfeuerungsrufen hochgepuscht, eignen sich Suchaufgaben hervorragend, um Ruhe und Konzentration zu fördern und den Hund körperlich und mental auszulasten. Stellvertretend für die vielen unterschiedlichen Möglichkeiten wird hier die Suche nach »verlorenen« Gegenständen kurz vorgestellt.

Der Hund sucht in einem bestimmten Gebiet (im Freien oder in der Wohnung) einen Gegenstand, den Sie zuvor versteckt haben.
Im Freien eignet sich ein Wiesenstück oder lichter Wald gut für die ersten Suchen. Es fällt dem Hund leichter, im Suchengebiet zu bleiben, wenn das Gelände durch Zäune oder Hecken etwas eingegrenzt ist.
In der Wohnung beschränken Sie sich anfangs auf einen Raum.
Als Suchenobjekt wählen Sie ein Lieblingsspielzeug.

Übungsaufbau:

Lassen Sie den Hund absitzen oder sich hinlegen. Wenn erforderlich, wird er dabei von einem Helfer festgehalten. Zeigen Sie ihm das Spielzeug, entfernen Sie sich einige Meter, halten Sie das Spielzeug erneut in die Höhe und machen den Hund nochmals darauf aufmerksam. Dann verstecken Sie es.
Gehen Sie zurück zum Hund, geben ihm die Erlaubnis zum Loslaufen und ermuntern ihn mit Worten und der Handbewegung zum Suchen. Reden Sie anschließend nicht ständig auf ihn ein, er soll sich aufs Suchen konzentrieren und nicht auf Ihre Worte. Lassen Sie ihm Zeit, auch wenn er den Gegenstand nicht sofort findet. Notfalls gehen Sie ruhig neben ihm her und signalisieren ihm ein wenig die Richtung. Evtl. müssen Sie die erste Suche einfach gestalten, Gelände mit weniger Ablenkungen, Gegenstand deutlich sichtbarer ablegen.

Der Hund muss den Gegenstand nicht apportieren, es reicht aus, wenn er ihn findet. Dafür wird er belohnt durch Spiel mit dem gefundenen Gegenstand oder Futterbelohnung.

Hat der Hund verstanden und fängt nach der Freigabe an zu suchen, können Sie zu Ihrer Handbewegung ein dafür vorgesehenes Kommando geben. Schritt für Schritt gestalten Sie die Suche schwieriger.
Im Freien verstecken Sie das Spielzeug unter einem Laubhaufen, Grasbüscheln, hinter dem Holzstapel o. Ä. Legen Sie mehrere Gegenstände aus, die der Hund dann hintereinander suchen soll. Vergrößern Sie das Areal, allerdings sollte es immer eine zumindest optische Begrenzung geben (Weg, Hecke o. Ä.), damit der Hund nicht plan- und ziellos auf der unendlich großen Wiese sucht.

Daheim geben Kartons, gefaltete Decken, umgestülpte Becher usw. gute Verstecke ab. Täuschen Sie das Verstecken an, gehen noch einige Schritte weiter und legen erst dann den Gegenstand ab. Erweitern Sie die Suche auf mehrere Räume.

Dieser wendige Hund sucht sein kleines Spielzeug in alten Autoreifen.

Suchen ist eine gute Beschäftigung für Hunde, die überwiegend an der Leine geführt werden müssen.

Verstecken Sie Leckerlis in Kartons oder unter Decken.

Ist Ihr Hund nicht für Spielzeug zu begeistern, können Sie natürlich auch Leckerlis verstecken. Allerdings besteht dadurch bei manchen Hundepersönlichkeiten die Gefahr, dass sie auch bei anderen Gelegenheiten draußen verstärkt nach Fressbarem suchen. Dies können Sie in der Regel vermeiden, indem Sie die Futtersuche ausschließlich in den Wohnräumen durchführen. Möchten Sie Ihrem Vierbeiner auch draußen Futter verstecken, darf er wirklich immer nur mit Ihrer Erlaubnis danach suchen, evtl. machen Sie ein Ritual daraus und er muss sich z.B. zuerst hinsetzen, Sie anschauen und dann erst wird er zum Suchen geschickt.

Eine andere Möglichkeit: Sie verwenden eine Futterdose. Ihr Hund riecht die Leckerchen auch in der geschlossenen Plastikdose, evtl. können Sie diese mit ein paar Löchern versehen. Die Dose wird genauso versteckt wie das Spielzeug. Sie geben dem Hund das Signal zum Suchen, gehen ihm hinterher und belohnen ihn aus der Dose sobald, er sie gefunden hat.

Als zusätzliche Aufgabe können Sie ihm beibringen, sich vor die Dose zu setzen oder zu legen und zu warten, bis Sie bei ihm angekommen sind.

Es muss nicht immer etwas los sein

Die Herausforderungen des Alltags sind zeitweise völlig ausreichend. Lassen Sie es langsam angehen, wenn Sie einen Hund neu zu sich nach Hause holen. Es braucht meist einige Zeit, um zu erkennen, wie aufregend, belastend oder hochpuschend das normale Alltagsgeschehen auf ihn wirkt. Stressanfällige, ältere oder erkrankte Tiere sind zu manchen Zeiten mit dem vermeintlich langweiligen Tagesablauf so beschäftigt und ausgelastet, dass mehr Input eher schädlich als nützlich wäre.

Legen Sie ab und an einen Ruhetag ein. Das bedeutet, der Hund bekommt zwar seinen Spaziergang, aber auch diesen ohne viel Bespaßung. Ansonsten darf er natürlich bei Ihnen sein, neben Ihnen liegen, mit Ihnen durch Haus oder Garten gehen usw. Es passiert aber nichts weiter.

Anfangs müssen solche Tage evtl. ganz gezielt in Angriff genommen werden. Der erste Tag wird vermutlich auch nicht wirklich entspannt verlaufen. Besonders wenn Mensch und Hund sehr aktiv sind und es noch ungewohnt ist, ohne Programm auszukommen. Sie brauchen kein schlechtes Gewissen zu haben, wenn Sie einen Tag mal nur spazieren gehen. Hunde verkraften solche langweiligen Tage zwischendurch ganz gut. Im Gegenteil: Es kann dabei helfen, zur Ruhe zu kommen und reduziert die Erwartungshaltung. Wenn der Hund gelernt hat, dass es ab und an Tage ohne großes Programm gibt, kann er das im Notfall (wenn Sie krank sind z. B.) auch mal aushalten, ohne gleich zu nerven oder sich unbehaglich zu fühlen.

Gehen Sie »einfach« nur spazieren. Wann haben Sie zuletzt einen Spaziergang gemacht, auf dem es kein Übungs- oder Beschäftigungsprogramm gab? Bei dem nicht ständig auf den Hund eingeredet oder er gelenkt und angeleitet wurde? Auf dem der Hund einfach mal Hund sein durfte?

Im Bemühen, ihn zu erziehen und zu beschäftigen, vergessen wir, wie schön es sein kann, gemeinsam mit dem Hund unterwegs zu sein, ihn bei ausgelassenen Rennrunden über die frisch gemähte Wiese zu beobachten, mit ihm zusammen durch den Bach zu stapfen, auf der Bank zu sitzen und ins Tal zu schauen usw. Vielleicht sehen Sie Ihren Hund mit ganz anderen Augen und erkennen plötzlich Fähigkeiten, auf die Sie bisher kaum geachtet haben: Wie geschickt Ihr großer Neufundländer durch das unwegsame Gelände geht, das hätten Sie ihm gar nicht zugetraut, oder wie entspannt Ihr sonst so quirliger kleiner Gefährte die Streicheleinheiten genießen kann, wenn Sie in Ruhe mit ihm auf der Wiese sitzen. Beobachten Sie, wie oft Ihr Hund ohne Ihr Zutun Blickkontakt mit Ihnen aufnimmt oder darauf achtet, welchen Weg Sie nehmen – Sie werden überrascht sein.

Mit einigen Hunden wird es ganz einfach sein, auf diese Art und Weise spazieren zu gehen, man muss es sich nur wieder bewusst vornehmen. Bei anderen benötigen Sie vielleicht ein wenig frequentiertes Gebiet und manche Vierbeiner werden besser an der langen Leine geführt, damit Sie so entspannt miteinander unterwegs sein können. Es lohnt sich aber auf alle Fälle, diese Form des Spaziergangs nicht zu vernachlässigen.

DANKE

Herzlichen Dank an die Fotografen für ihre Zeit und Geduld, besonders bedanke ich mich bei Sandra Benzing, Michael Streck, Fabian Linder, Familie Breuer sowie den vielen Hundebesitzern, die mit ihren Vierbeinern für die zahlreichen Fotos zur Verfügung standen. Sie alle haben großen Anteil daran, dass der Text anschaulich und nachvollziehbar geworden ist.

Aus Gesprächen mit meiner Lektorin Claudia König entstand die Idee zu diesem Buch. Sie hat mich bei der Verwirklichung des Projekts kompetent beraten und begleitet. Vielen Dank dafür.

Ein ganz besonderer Dank gilt Ursula Daugschieß-Thumm für ihre fachliche, praktische und moralische Unterstützung bei der Durchsicht des Manuskripts.

DIE AUTORIN

Monika Schaal ist Hundetrainerin und arbeitet seit vielen Jahren mit Problemhunden verschiedenster Rassen. Sie betreut Therapiehunde, engagiert sich für die Rettungshundearbeit und ist Ausbilderin für Retriever im Deutschen Retriever Club. Sie hält Vorträge und Seminare und hat mehrere Bücher zum Thema Hund und Hundeausbildung veröffentlicht.

Zusammen mit ihrer Familie und zwei Labradorrüden lebt sie in der Nähe von Stuttgart.
Ihr Hauptanliegen ist es, Hundeausbildung praxisnah, alltagstauglich und vor allem individuell zu gestalten und den Hundehaltern Freude an der Arbeit und dem Zusammenleben mit dem Hund zu vermitteln, auch wenn nicht alles perfekt verläuft.

WEITERE INTERESSANTE BÜCHER ZUM THEMA

Welpen sind nicht nur niedlich, sie sind auch wiss- und lernbegierig! Die einzelnen Karten zeigen Lern-Übungen, die an (fast) jedem Ort ausprobiert werden können. So macht Hundetraining Spaß.
30 Lernkarten
Booklet: 32 Seiten, 76 Bilder
ISBN 978-3-275-01909-0
€ 14,95 / € (A) 15,40

Hunde reagieren auf die Ankunft und Anwesenheit von Besuchern unterschiedlich. Das Buch zeigt auf, wie solche Situationen entspannt gemeistert werden können. Gute Trainings-Tipps!
96 Seiten, 74 Bilder,
Format 170 x 210 mm
ISBN 978-3-275-01862-8
€ 9,95 / € (A) 10,30

Das zuverlässige Herkommen ist für viele Hundebesitzer die schwierigste Gehorsamsübung. In diesem Buch zeigen die Autorinnen anhand vieler Übungen den Weg dahin.
96 Seiten, 76 Bilder,
Format 170 x 210 mm
ISBN 978-3-275-01623-5
€ 9,95 / € (A) 10,30

Die Autorinnen beschreiben hier, wie die Leinenführigkeit trainiert werden kann. Dabei erläutern sie unterschiedliche Methoden, besprechen verschiedene Alltagssituationen und gehen ausführlich auf Probleme ein.
96 Seiten, 83 Bilder
Format 170 x 210 mm
IS BN 978-3-275-01621-1
€ 9,95 / € (A) 10,30

Stand März 2016
Änderungen in Preis und Lieferfähigkeit vorbehalten.

Überall, wo es Bücher gibt, oder unter
WWW.MUELLER-RUESCHLIKON.DE
Service-Hotline: 0711 / 78 99 21 51